高等院校化学课实验系列教材

仪器分析实验

武汉大学化学与分子科学学院实验中心 编

U0250314

WUHAN UNIVERSITY PRESS
武汉大学出版社

图书在版编目(CIP)数据

仪器分析实验/武汉大学化学与分子科学学院实验中心编.
—武汉:武汉大学出版社,2005.2(2017.7 重印)
高等院校化学课实验系列教材
ISBN 978-7-307-04384-8

Ⅰ.仪… Ⅱ.武… Ⅲ.仪器分析—实验 Ⅳ.O657-33

中国版本图书馆 CIP 数据核字(2004)第 106433 号

责任编辑:谢文涛　　　责任校对:黄添生　　　版式设计:支　笛

出版发行:**武汉大学出版社**　（430072　武昌　珞珈山）
　　　　（电子邮件:cbs22@whu.edu.cn 网址:www.wdp.com.cn）
印刷:虎彩印艺股份有限公司
开本:850×1168　1/32　印张:4.25　字数:106 千字
版次:2005 年 2 月第 1 版　　2017 年 7 月第 6 次印刷
ISBN 978-7-307-04384-8/O·310　　　定价:12.00 元

前　言

　　《仪器分析实验》是仪器分析化学课程的重要组成部分。通过学习本课程，使学生加深对各种仪器分析方法的基础理论和工作原理的理解，正确和较熟练地掌握仪器分析方法的基本操作，培养学生运用仪器分析手段解决实际问题的能力，为学习后续课程及科研工作打下良好的基础。

　　本教材是在总结武汉大学化学与分子科学学院《仪器分析实验》教学经验的基础上，结合本校现有实验室条件编写而成。实验内容主要包括原子光谱分析法、分子光谱分析法、电化学分析法和色谱分离分析法等，共有 27 个基础实验，3 个设计实验，使用者可根据自身的实验条件进行选择。

　　本书作者主要为参加仪器分析实验教学的教师。他们是冯钰锜、胡斌、胡翎、王忠华、王长发、吴晓军、邢钧、杨冼、袁良杰、张克立。

　　限于编者的水平，错误和纰漏之处在所难免，敬请读者不吝指正。

编　者

2004 年 9 月于珞珈山

目　　录

实验 1 火焰原子吸收光谱法测定水中的镉

一、实验目的

1. 掌握火焰原子吸收光谱仪的操作技术。
2. 优化火焰原子吸收光谱法测定水中镉的分析火焰条件。
3. 熟悉原子吸收光谱法的应用。

二、实验原理

原子吸收光谱法是一种广泛应用的测定元素的方法。它是一种基于在蒸气状态下对待测元素基态原子共振辐射吸收进行定量分析的方法。为了能够测定吸收值,试样需要转变成一种在适合的介质中存在的自由原子。化学火焰是产生基态气态原子的方便方法。

待测试样溶解后以气溶胶的形式引入火焰中,产生的基态原子吸收适当光源发出的辐射后被测定。原子吸收光谱中一般采用空心阴极灯这种锐线光源。这种方法快速、选择性好、灵敏度高且有着较好的精密度。

然而,在原子光谱中,不同类型的干扰将严重影响测定方法的准确性。干扰一般分为三种:物理干扰、化学干扰和光谱干扰。物理和化学干扰改变火焰中原子的数量,而光谱干扰则影响原子吸收信号的准确性。干扰可以通过选择适当的实验条件和对试样进行预处理来减少或消除。所以,应从火焰温度和组成两方面作慎重选择。

三、仪器和试剂

1. 仪器

2. 标准溶液

使用已有的 10.0ppm 的 Cd^{2+} 溶液来配制浓度分别为 2.00,1.00,0.500,0.250 和 0.100ppm 的 Cd^{2+} 标准溶液。配制标准溶液应该使用蒸馏水小心地稀释已有溶液。取一定量储备液到 100mL 容量瓶,稀释至 100mL,充分混合均匀。

3. 试样

四、实验步骤

预先调整好狭缝的宽度和空心阴极灯的位置,在波长为 228.8nm 处测定标准溶液的吸收。当吸入 0.500ppm 标准溶液时,调整波长为 228.8nm,调整到最大吸收。

1. 火焰的选择

火焰组成对 Cd 测定灵敏度有影响。通过溶液雾化方式引入 0.500 μg/mL 的 Cd^{2+} 标准溶液到空气-乙炔火焰中,小幅调节乙炔的流速,每次读数前用二次蒸馏水重新调零,以吸光度对流速作图。

2. 观察高度的影响

在选定的合适的流速下和雾化的 0.500 μg/mL 的 Cd^{2+} 标准溶液中,小幅调节火焰高度,每次读数前用二次蒸馏水重新调零,以燃烧器上方观察高度对流速作图。

3. 标准曲线和样品分析

选择最佳的流速和燃烧高度,切换到标准曲线窗口。在开始一系列测定之前,用二次蒸馏水调零,同时如果在测量过程中有延误,需要重新调零。在连续的一系列的测定中,记录每种溶液的吸收值,每次每个样品重复三次后转入下一个测定:

- 标准曲线系列:标准空白和标准溶液

- 样品空白和样品溶液
- 重复样品空白和样品溶液

4. 精密度

用低浓度和高浓度的溶液来测定精密度。每次读数 3 次。

5. 检出限

为了得到仪器检测 Cd^{2+} 的检出限,需对标准空白溶液读数 3 次。把不用的镉盐及其溶液放置到标有废弃标态的瓶中。

五、结果和讨论

1. 标准曲线

打印出本实验所作的标准曲线,注意任何弯曲并决定是否需要采用非线性曲线拟合。用这些曲线来测定试样空白和试样中 Cd^{2+} 的含量,用扣除空白的方法得到试样中 Cd^{2+} 的真实含量。计算原始试样中 Cd^{2+} 的含量并估算最终结果的不确定度。

2. 精密度

用不同浓度的 Cd^{2+} 标准溶液测定 9 次后,算出每个浓度的 RSD,记录结果。

3. 检出限

检出限常常用能够区分背景的 RSD 的最小浓度来表示。IUPAC对检出限的一个定义是 $3 \times S_b$,S_b 为背景信号的标准偏差:

$$D \cdot L = 3 \times S_b / S$$

式中,S 为标准曲线的斜率。

检出限之所以成为评价仪器性能的因素,是因为它取决于灵敏度与背景信号的比值。在本实验中,用 9 次测量标准空白溶液计算 S_b,而用标准曲线的斜率计算检出限。

六、思考题

1. 当使用雾化器时,经常使用稀硝酸作为溶剂。为什么硝酸是个较好的选择? (提示:硝酸盐的性质是什么?)

2. 火焰原子吸收光谱法具有哪些特点？

3. 狭缝的自然宽度是多大？

参 考 文 献

1. D A Skoog, F J Holler and T A Nieman. Principles of Instrumental analysis. Brooks Cole, 5th edition, 1997

2. 赵文宽, 张悟铭, 王长发, 等编. 仪器分析实验. 北京: 高等教育出版社, 1997

3. http://www.chembio.niu.edu/electrochem/lab5.htm

[分析科学研究中心: 胡 斌]

实验2　石墨炉原子吸收光谱法直接测定试样中的痕量铅

一、实验目的

1. 加深对石墨炉原子吸收光谱法原理的理解。
2. 了解石墨炉原子吸收光谱法的操作技术。
3. 熟悉石墨炉原子吸收光谱法的应用。

二、实验原理

石墨炉原子吸收光谱法采用石墨炉使石墨管升至2000℃以上的高温,让管内试样中的待测元素分解形成气态基态原子,由于气态基态原子吸收其共振线,且吸收强度与含量成正比,故可进行定量分析。它是一种非火焰原子吸收光谱法。

石墨炉原子吸收光谱法具有试样用量小的特点,方法的绝对灵敏度较火焰法高几个数量级,可达10^{-14}g,并可直接测定固体试样。但仪器较复杂、背景吸收干扰较大。在石墨炉中的工作步骤可分为干燥、灰化、原子化和除残渣四个阶段。

通常使用偏振塞曼石墨炉原子吸收分光光度计,它具有利用塞曼效应扣除背景的功能。采用的吸收线调制法是将磁场加在原子化器两侧,使吸收线分裂成Ω和σ^{+},σ^{-}线,其中Ω线的方向与磁场平行,其波长与光源发出的分析线波长一致。测定时,首先旋转检偏器,使光源发射的谱线中与磁场平行的光通过原子化器,测得原子吸收和背景吸收的总吸光度A。再将检偏器置于使光源发射的分析线中与磁场垂直的那部分光通过原子化器的位置,测得的吸收值为背景吸收值,即 A(背景),可以将背景值扣除。此类仪器可扣除吸光度<1.5 的背景值。使测定灵敏度大大提高。

三、仪器和试剂

1. 偏振塞曼石墨炉原子吸收分光光度计
2. 石墨管
3. 铅标准溶液 A(1.00mg/mL)
4. 铅标准溶液 B(0.25μg/mL),以逐步稀释法取 A 液配制100mL 备用。
5. 25mL 容量瓶
6. 水样

四、实验步骤

1. 按下列参数设置测量条件。
(1)分析线波长:283.3 nm。
(2)灯电流:5 mA。
(3)狭缝宽度:0.7 nm。
(4)干燥温度和时间:80℃(或 120℃),30s。
(5)灰化温度和时间:200℃,30s。
(6)原子化温度和时间:1 800℃,5s。
(7)清洗温度和时间:2 600℃,5s。
(8)氮气或氩气流量:100 mL/min。
2. 分别取铅标准溶液 B,用二次蒸馏水稀释至刻度线,摇匀,配制 1.00 ,10.00,25.00,和 50.00 ng/mL 铅标准溶液,备用。
3. 用微量注射器分别吸取试液、标准 20μL 注入石墨管中,并测出其吸收值。

五、结果处理

1. 以吸光度值为纵坐标,铅含量为横坐标制作标准曲线。

2. 从标准曲线中,用水样的吸光度查出相应的铅含量。

3. 计算水样中铅的质量浓度($\mu g/mL$)。

六、思考题

1. 非火焰原子吸收光谱法具有哪些特点?

2. 偏振塞曼石墨炉原子吸收分光光度计具有什么特点?

3. 说明石墨炉原子吸收光谱法的应用。

4. 为什么石墨炉的黑体辐射不会影响读数?

5. 如果样品中存在一个干扰物能在较宽的浓度范围内产生吸收,则读数会如何?

参 考 文 献

1. D A Skoog, F J Holler and T A Nieman. Principles of Instrumental Analysis. Brooks Cole, 5th edition, 1997

2. 赵文宽,张悟铭,王长发,等编. 仪器分析实验. 北京:高等教育出版社,1997

[分析科学研究中心:胡　斌]

实验 3　ICP-AES 测定水样中
的微量 Cu, Fe 和 Zn

一、实验目的

1. 掌握 ICP-AES 的测定方法原理和操作技术。
2. 评价 ICP-AES 测定水样中 Cu, Fe 和 Zn 的分析性能。

二、实验原理

ICP 光源具有环形通道、高温、惰性气氛等特点。因此，ICP-AES 具有检出限低、精密度高、线性范围宽、基体效应小等优点，可用于高、中、低含量的 70 种元素的同时测定。

其分析信号源于原子/离子发射谱线，液体试样由雾化器引入 Ar 等离子体(6 000K 高温)，经干燥、电离、激发产生具有特定波长的发射谱线，波长范围在 120~900nm 之间，即位于近紫外、紫外和可见光区域。

发射光信号经过单色器分光、光电倍增管或其他固体检测器将信号转变为电流进行测定。此电流与分析物的浓度之间具有一定的线性关系，使用标准溶液制作工作曲线可以对某未知试样进行定量分析。

三、仪器和试剂

1. 仪器：等离子体光谱(ICP-AES)仪，美国热电 TJA IRIS Advantage 型。
2. 试剂：$CuSO_4$(A.R.)

$ZnNO_3$(A.R.)

$Fe(NH_4)_2 \cdot 6H_2O$ (A.R.)

HNO_3(G.R.)

配制用水均为二次蒸馏水。

铜储备液:准确称取 0.126g $CuSO4$(F.W. 159.61g) 于 50 mL 容量瓶,加入 1%(V/V)硝酸定容至 50 mL,配置 1 mg/mL Cu(Ⅱ) 储备液。

锌储备液:准确称取 0.097g $ZnNO_3$(A.R.)(F.W. 127.39g) 于 50mL 容量瓶,加入 1%(V/V)硝酸定容至 50mL,配制 1 mg/mL Zn(Ⅱ)储备液。

铁储备液:准确称取 0.351g $Fe(NH_4)_2 \cdot (SO_4)_2 \cdot 6H_2O$ (A. R.)(F.W. 392.14g) 于 50mL 容量瓶,加入 1%(V/V)硝酸定容至 50mL,配制 1 mg/mL Fe(Ⅱ)储备液。

四、实验步骤

1. ICP-AES 测定条件

工作气体:氩气;冷却气流量为 14 L/min;载气流量为 1.0 L/min;辅助气流量为 0.5 L/min。雾化器压力为 30.06 psi。

分析波长:Cu 为 324.754nm, Fe 为 259.940nm, Zn 为 334.502nm。

2. 标准溶液的配制

Cu(Ⅱ),Fe(Ⅱ),Zn(Ⅱ)的混合标准溶液:分别取 1 mg/mL Cu(Ⅱ),Fe(Ⅱ),Zn(Ⅱ)的标准溶液配制成浓度为 0.010, 0.030,0.100,0.300,1.000,3.000,10.000,30.000,100.000μg/mL 的混合标准系列溶液。

空白溶液:配制 1%(V/V)硝酸溶液

3. 试样制备

自来水,东湖水经过滤处理后即可。

4.ICP-AES 仪器操作

a.开机程序。

(1)检查外电源及氩气供应;

(2)检查排废、排气是否畅通,室温控制在 15~30℃之间;

(3)装好进样管、废液管;

(4)打开供气开关;

(5) 开启空压机、冷却器和主机电源;

(6) 打开计算机,点燃等离子体;

(7)进入到方法编辑页面;

(8)在方法编辑页面里,分别输入被测元素的各种参数。

(9)按下述操作进行分析测试。

b.工作曲线和试样分析。

(1)吸入空白溶液,得到空白溶液中 Cu(Ⅱ),Zn(Ⅱ),Fe(Ⅱ)的发射信号强度。

(2)由低浓度至高浓度分别吸入混合标准溶液,得到不同浓度所对应的 Cu(Ⅱ),Zn(Ⅱ),Fe(Ⅱ)的发射信号强度。

(3)吸入空白溶液,冲洗进样系统。

(4)吸入样品溶液,分别得到 Cu(Ⅱ),Zn(Ⅱ),Fe(Ⅱ)的发射信号强度。

(5)吸入自来水样品溶液,分别得到 Cu(Ⅱ),Zn(Ⅱ),Fe(Ⅱ)的发射信号强度。

(6)吸入空白溶液,冲洗进样系统后,结束实验。

如果标准溶液和样品溶液分析间隔较长时间,应测定一中间的标准溶液,以检查仪器信号漂移。

c.检出限。

重复 10 次测定空白溶液,计算相对于 Cu,Fe 和 Zn 的检出限。

d.精密度。

选择较低浓度的 Cu,Fe 和 Zn 溶液,重复测定 10 次,计算

ICP-AES 方法测定 Cu, Fe 和 Zn 的精密度。

　　e.关机程序。

　　(1)吸入蒸馏水清洗雾化器 10min；

　　(2)关闭等离子体；

　　(3)退出方法编辑页面；

　　(4)关主机电源、冷却器、空压机,排除空压机中的凝结水；

　　(5)按要求关闭计算机；

　　(6)松开进样管、废液管。

五、结果与讨论

　　1. 工作曲线和试样分析

　　应用 ICP 软件,制作 Fe, Zn 和 Cu 的工作曲线。在 ICP-AES 分析中,常存在与基体相关的背景信号,这可以用空白溶液校正并将其设为零点。

　　(1) 打印出软件制作的工作曲线。

　　(2) 评价工作曲线的线性。

　　应用软件计算试样溶液和空白中 Fe, Zn 和 Cu 的浓度。

　　(3) 扣除 Fe, Zn 和 Cu 的空白值,计算原试样中 Fe, Zn 和 Cu 的含量。

　　(4) 估计最终结果的不确定度。

　　2. 线性范围

　　确定工作曲线的线性范围：

　　(1) 用一定浓度的标准溶液制作工作曲线,并进行线性拟合。

　　(2) 比较线性拟合曲线计算值下降 10% 的浓度为线性范围上限,线性范围下限可以视为相当于 5 倍检出限的浓度。

　　3. 精密度

　　重复 10 次测定一低浓度 Fe, Zn 和 Cu 标液,计算 RSD。

　　4. 检出限

　　检出限通常与可区别背景信号(噪声)的最小信号相关,IU-

PAC 的一种定义为对应于 $3 \times S_b$ 的浓度, S_b 为背景信号的标准偏差：

$$检出限 = 3 \times S_b / S$$

式中, S 为工作曲线的斜率。因此,检出限反映了仪器的检测能力,并与信背比相关。

(1) 重复 10 次测定空白溶液计算 S_b,结合工作曲线斜率计算检出限。

(2) 试样分析:根据工作曲线,指出试样中 Fe, Zn 和 Cu 的浓度。

六、思考题

1. 描述 ICP 中等离子体是怎样产生和维持(适当的绘图)的。

2. 检查 Cu(Ⅱ)溶液的标准曲线。在高浓度时是否呈线性,或者出现发射信号比预计低,如果出现这种现象,解释其原因。给出曲线呈非线性的理由。

参 考 文 献

1. Moore G. Introduction to ICP-AES. Elsevier Science Publishers, Amsterdam and New York,1989

2. Montaser A and Golightly D W. Eds. Inductively Coupled Plasma in Analytical Atomic Spectrometry, 2nd Edition.VCH Publishers N Y,1992

3. 赵文宽,张悟铭,王长发,等编.仪器分析实验.北京:高等教育出版社,1997

[分析科学研究中心:胡　斌]

实验 4 高锰酸钾紫外吸收光谱 定性扫描及数据处理

一、实验目的

1. 了解紫外-可见光谱定性分析原理;
2. 掌握紫外-可见光谱定性图谱数据的处理方法;
3. 熟悉 TU-1901 紫外-可见光谱分析仪的定性扫描实验操作方法。

二、实验原理

紫外-可见光谱是用紫外-可见光的物质电子光谱,它研究产生于价电子在电子能级间的跃迁,研究物质在紫外-可见光区的分子吸收光谱。当不同波长的单色光通过被分析的物质时能测得不同波长下的吸光度或透光率,以 ABS 为纵坐标对横坐标波长 λ 作图,可获得物质的吸收光谱曲线。一般紫外光区为 $190 \sim 400\text{nm}$,可见光区为 $400 \sim 800\text{nm}$。

紫外吸收光谱的定性分析为化合物的定性分析提供了信息依据。虽然分子结构各不相同,但只要具有相同的生色团,它们的最大吸收波长值就相同。因此,通过对未知化合物的扫描光谱、最大吸收波长值与已知化合物的标准光谱图在相同溶剂和测量条件下进行比较,就可获得基础鉴定。

无机化合物电子光谱有电荷迁移跃迁和配位场跃迁两大类。无机盐 $KMnO_4$ 在可见光区具有固定的最大吸收波长位置,在水溶液中它的最大吸收波长值 λ_{max} 为 $(523 \pm 0.5)\text{nm}$ 和 $(544 \pm 0.5)\text{nm}$,

并且它的峰形特征显明,在避光条件下保存的水溶液其峰位和峰形可长期稳定不变。它是作为校正紫外-可见光波长的基准物质之一。因此,可以根据它们的紫外吸收光谱特征,在紫外-可见光谱分析仪的定性测量模式中通过光谱扫描测量其吸光度-波长的图谱,对它进行准确可靠的定性鉴别。

三、仪器和试剂

1. 紫外-可见光谱仪(TU-1901,北京普析通用仪器有限责任公司生产),它的主要技术指标如下:

测量波长范围:190~900nm。

光度范围:±9.999ABS。

测量准确度:±1.5nm。

光度系统:双光束,动态反馈直接比例记录系统。

测量模式:光谱扫描、定性扫描、定量扫描、时间扫描。

S/N 比:≤0.000 5ABS(2nm 带宽,中速扫描 850~200nm)。

2. 高锰酸钾(0.02 mol/L)标准储备溶液(内含 0.5mol/L H_2SO_4 和 2g/L KIO_4)

3. 二面通石英或玻璃比色皿一对(10mm×10mm)

4. 25 mL 具塞比色管

5. 1mL/2 mL 刻度移液管各一支

6. 洗耳球

7. 蒸馏水

8. 洗瓶

9. 镜头纸

10. 250mL 烧杯

11. 25mL 滴瓶

四、实验步骤

1. 移取 5mL 所需要量的高锰酸钾(0.02 moL/L)标准储备

溶液。

　　2. 打开紫外-可见光谱仪(TU-1901)主机进行仪器初始化,预热 5min。

　　3. 在应用菜单中选择定性分析模式,在配置菜单中安装好需要的横坐标(波长值)扫描范围 650~400 nm 和纵坐标(ABS 或%T值)0~4ABS 记录范围以及扫描速度、光度方式、采样间隔、扫描次数、重复数等相关值,然后进行空白基线校正并保存之,经波长定位后进行光谱定性扫描测量高锰酸钾的光谱图。

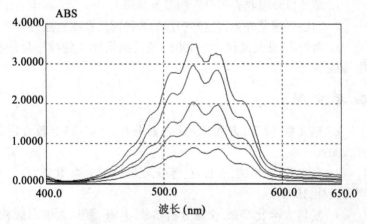

图 4-1　不同浓度的高锰酸钾溶液在 400~650nm 波段的定性扫描吸收
　　　　光谱图

　　4. 对测量获得的图谱和数据进行结果分析。并且,由测量结果确定高锰酸钾的最大吸收峰值和谷值。根据所测获的曲线情况,依次进行曲线平滑处理,光谱扫描参数(∗.spp)和文本文档(∗.asc)的数据变换处理,测量图谱和测量数据导出,图谱坐标的调节和图谱、文件、数据的设计、打印等一系列处理操作训练。

五、结果处理

1. 设计并打印高锰酸钾定性扫描曲线光谱图。
2. 确定高锰酸钾在不同波长时的最大波长峰值。
3. 以采样间隔为 2nm 采集高锰酸钾光谱曲线的 ABS-λ 列表。

六、思考题

1. 综述紫外吸收光谱分析的基本原理。
2. 归纳影响紫外光谱定性扫描的各种因素及测量注意事项。
3. 紫外-可见光谱仪（TU-1901）定性测量模式的数据处理操作特点。

参 考 文 献

1. 赵文宽,贺飞,方程,等编.仪器分析.北京:高等教育出版社,2000

2. 赵文宽,张悟铭,王长发,等编.仪器分析实验.北京:高等教育出版社,1995

3. 复旦大学化学系.仪器分析实验.上海:复旦大学出版社,1984

4. 张剑荣,戚苓,方惠群编.仪器分析实验.北京:科学出版社,1999

5. 郭德济,刘瑞华,等编.实验与习题.重庆:重庆大学出版社,1993

[化学实验中心:杨　洗]

实验 5　定量测定相互重叠的二元 混合物的紫外吸收光谱

一、实验目的

1. 了解紫外定量测量双组分混合物的基本原理。
2. 掌握用解联立方程组的方法对双组分混合物进行定量分析。

二、实验原理

光谱吸收曲线的基本定律是朗伯-比尔定律 $A=abc$，在一定条件下，吸光度 A 与溶液浓度 c 呈线性关系。当混合物中存在两种组分，若两者吸收峰大部分重叠时，就需要用解联立方程组或双波长的方法来进行测定。这是以朗伯-比尔定律及吸光度的加合性为基础同时测定吸收光谱曲线相互重叠的二元组分的一种方法，即在稀溶液体系中，因为各种组分在某一波长下总吸光度等于各个组分吸光度的总和。分光光度法可以不经分离即可对混合物进行多组分分析。

如果混合物中各组分的吸收带互相重叠，只要它们能符合朗伯-比尔定律，对 n 个组分即可在 n 个适当波长进行 n 次吸光度测定，然后解 n 元联立方程式，求算 n 个组分的含量即可。在测量时，若固定比色皿厚度，那么，可得到右项二元一次方程组：

$$\begin{cases} A_{\Sigma}^{\lambda_1} = K_1^{\lambda_1} C_1 + K_2^{\lambda_1} C_2 \\ A_{\Sigma}^{\lambda_2} = k_1^{\lambda_2} C_1 + k_2^{\lambda_2} C_2 \end{cases}$$

式中，$A_{\Sigma}^{\lambda_1}$，$A_{\Sigma}^{\lambda_2}$ 分别为测量值；$K_1^{\lambda_1}$，$K_2^{\lambda_1}$，$k_1^{\lambda_2}$，$k_2^{\lambda_2}$ 分别为常数；C_1，C_2

分别为二组分的浓度。当测获未知试样在各自最大吸光度后就可代入公式求解二元混合物中的各组分之浓度。

三、仪器和试剂

1. 紫外光谱仪(UV-1601,日本岛津公司生产)。
2. 高锰酸钾(0.02 mol/L)标准储备溶液(内含 0.5mol/L H_2SO_4 和 2g/L KIO_4)
3. 重铬酸钾(0.02 mol/L)标准储备溶液(内含 0.5mol/L H_2SO_4 和 2g/L KIO_4)
4. 蒸馏水
5. 二面通石英比色皿一对(10mm×10mm)
6. 5 mL 具塞比色管
7. 1mL/2 mL 刻度移液管
8. 洗耳球
9. 洗瓶
10. 250 mL 烧杯
11. 镜头纸

四、实验步骤

1. 按表 5-1 移取所需要的 0.20μg/mL 的高锰酸钾标准储备液和重铬酸钾标准储备液:

表 5-1　高锰酸钾标准系列溶液和重铬酸钾标准系列溶液配制表

配制标准工作溶液系列					
高锰酸钾(0.02 mol/L)标准储备溶液			重铬酸钾(0.02 mol/L)标准储备溶液		
编　号	移取标准溶液量	标液浓度(mmol/L)	编　号	移取标准溶液量	标液浓度(mmol/L)

续表

25mL 容量瓶(Mn#)	(mL)		25mL 容量瓶(Cr#)	(mL)	
1#	0.50	0.4	1#	2.00	1.6
2#	0.75	0.6	2#	2.50	2.0
3#	1.00	0.8	3#	3.00	2.4
4#	1.25	1.0	4#	3.50	2.8
5#	1.50	1.2	5#	4.00	3.2

2. 按表 5-2 配制所需要检测的两种混合物溶液:

表 5-2　　　　　　　　**未知浓度的双组分混合物配制表**

样品 ＼ 标液	0.20μg/mL 的高锰酸钾标准储备液移取量(mL)	0.20μg/mL 的重铬酸钾标准储备液移取量(mL)
混合物 A	1.30	1.80
混合物 B	0.80	3.20

3. 打开紫外-可见光谱仪(TU-1901)主机进行仪器初始化,预热 5min。

4. 设置横坐标(波长)为 375~625 nm,纵坐标(吸光度)为 $5A$,用叠加显示法在此范围内对以上 5 种锰盐溶液和 5 种铬盐溶液采取紫外-可见光谱定性扫描法绘制其吸收光谱图,并且分别确定它们各自的最大吸收波长值 λ_{max}。高锰酸钾的 λ_{max} 为 525 nm,重铬酸钾的 λ_{max} 为 440nm。

5. 在 4.项操作中的同一屏幕上继续扫描 2 种混合物未知浓度溶液的叠加光谱图。

6. 选用紫外-可见光谱仪定量测量模式,在采取线性方程、不插入零点、单波长测量、参比空白溶液为蒸馏水的条件下,分别测定5种系列高锰酸钾标液和5种系列重铬酸钾标液各自在它们最大吸收波长值 λ_{max}(高锰酸钾的 λ_{max} 为525nm,重铬酸钾的 λ_{max} 为440nm)时的标准工作曲线。

7. 选用定波长测量模式,参比空白溶液为蒸馏水,分别测定2种不同配比的高锰酸钾和重铬酸钾混合物溶液各自在它们最大吸收波长值 λ_{max}(高锰酸钾的 λ_{max} 为525nm,重铬酸钾的 λ_{max} 为440nm)时的吸光度值。

五、结果处理

1. 通过 Microsoft Word 转换、输出并打印高锰酸钾标准溶液和重铬酸钾溶液和未知浓度的混溶液试样等12种溶液的叠加定性扫描光谱图、测量参数表。

2. 打印10种标准溶液分别在不同最大吸光度时的定量标准工作曲线、浓度-吸光度列表以及回归曲线方程式、测量参数表。

3. 打印出两种未知浓度的混合物分别在不同最大吸光度值下的定波长吸光度测量值。

4. 将所获得的各相关实验测量数据代入双组分混合物浓度的联立方程组计算 A,B 两种被测混合物中高锰酸钾和重铬酸钾的各自含量。

六、思考题

1. 综述混合物双组分含量的测定的理论依据是什么,双组分混合物在测量方法上与单组分测量时有何区别?

2. 定性扫描各标准溶液的目的是什么?为什么要用最大吸收波长值进行定量工作曲线的绘制?

3. 为某一个三元体系混合物测量其各组分含量设计一个联立方程组和实际测量方案。

参 考 文 献

1. 赵文宽,贺飞,方程,等编.仪器分析.北京:高等教育出版社,2000

2. 赵文宽,张悟铭,王长发,等编.仪器分析实验. 北京:高等教育出版社,1997

3. 张剑荣,戚苓,方惠群编.仪器分析实验.北京:科学出版社,1999

4. 郭德济,刘瑞华,等编.实验与习题.重庆:重庆大学出版社,1993

5. 北京师范大学化学系分析研究室.基础仪器分析实验.北京:北京师范大学出版社,1985

6. 孟令芝,何永炳编.有机波谱分析.武汉:武汉大学出版社,1996

7. 复旦大学化学系.仪器分析实验.上海:复旦大学出版社,1984

8. 戚苓,陈佩琴,翁筠蓉,等编.化学分析与仪器分析实验.南京:南京大学出版社,1992

9. 苗凤琴,于世林编.分析化学实验.北京:化学工业出版社,1998

[化学实验中心:杨 洗]

实验 6　紫外-可见分光光度法测定苯甲酸离解常数 pK_a

一、实验目的

1. 掌握测定不同 pH 值条件下的苯甲酸的吸光度并通过计算公式求算出它的离解常数的原理和方法。

2. 熟悉用紫外-可见分光光谱分析法在研究离子平衡中的应用。

二、实验原理

如果一个化合物其紫外吸收光谱随其溶液的 pH 值(即溶液中氢离子浓度)不同而变化,就可以利用紫外光谱测定其离解常数 pK_a,它的平衡式可表示为:

$$HIn \Longrightarrow H^+ + In^-$$

式中,

$$pH = pK_a - \lg\frac{[HIn]}{[In^-]}$$

或者:

$$pK_a = pH + \lg\frac{[In^-]}{[HIn]}$$

若以 pH 对 $\lg\dfrac{[In^-]}{[HIn]}$ 作图可以获得一条直线,当[In$^-$] = [HIn]时其截距为离解常数 pK_a。

绘制弱酸的紫外-可见光谱吸收曲线,在低、高两种 pH 状态时,若其溶液中含有指示剂,则可分别以 In$^-$ 和 HIn 形式存在于溶液中,由两条吸收曲线就能方便地求出各自的 λ_{max} 值,再配制成不同 pH 值的一系列指示剂溶液,于这两个 λ_{max} 处测量它们的吸光度。可以通过实验测出它们在强酸、强碱、中性三类不同 pH 值介质中的稀溶液的吸光度,代入以下公式求出该化合物的离解常数 pK_a:

$$\frac{[In^-]}{[HIn]} = \frac{A - A_{HIn}}{A_{In^-} - A}$$

若以 pH 值为横坐标,吸光度为纵坐标作图,能获得两条 S 形曲线,该曲线中间所对应的 pH 值即为离解常数 pK_a。

三、仪器和试剂

1. 紫外-可见光谱仪(TU-1901,北京普析通用仪器有限责任公司生产)。

2. pH 计

3. 精密分析天平

4. 二面通石英或玻璃比色皿一对(10mm×10mm)

5. 苯甲酸(C_6H_5COOH)(浓度为 1.00 mmoL/L)

6. 醋酸钠(NaAc·$3H_2O$)

7. 6mol/L 醋酸(HAc)

8. 25mL/500mL 容量瓶

9. 1mL/2 mL 刻度移液管

10. 250mL 烧杯

11. 洗耳球

12. 洗瓶

13. 蒸馏水

14. 镜头纸

15. pH=3.6 缓冲溶液(8g 醋酸钠溶于 100mL 蒸馏水中,加入 134mL 的 6mol/L 醋酸,用蒸馏水稀释至 500mL)

16. pH=4.5 缓冲溶液(50g 醋酸钠溶于 100mL 蒸馏水中,加入 85mL 的 6mol/L 醋酸,用蒸馏水稀释至 500mL)

四、实验步骤

1. 准确称取 0.120g 苯甲酸,溶于蒸馏水中,然后移至 500mL 容量瓶中,用蒸馏水稀释至刻度。

2. 按表 6-1 配制 4 种加入不同介质的待检测苯甲酸工作溶液:

表 6-1　　　　　　　**不同介质的苯甲酸待测工作溶液**

取 溶 液 量	1		2		3		4	
	0.05mol/L 硫酸	苯甲酸	0.1mol/L 氢氧化钠	苯甲酸	pH = 3.6 缓冲溶液	苯甲酸	pH = 4.5 缓冲溶液	苯甲酸
mL	2.5	5	2.5	5	20	5	20	5

备 注:容量瓶为 25mL

3. 打开紫外-可见光谱仪(TU-1901)主机进行仪器初始化,预热 5min。

4. 用 pH 计测定以上配制的 4 种不同介质苯甲酸溶液的 pH 值。

5. 在紫外-可见光谱仪的分类菜单中选择定性分析模式,在定性配置菜单中安装好需要的横坐标(波长值)扫描范围(230 ~ 300nm)和纵坐标(ABS)记录范围 0 ~ 3.5A 以及扫描速度、光度方式为 ABS、采样间隔为 1nm 等相关值,以二面通石英比色皿(10mm×10mm)装进 2/3 池溶液,分别以 0.05mol/L 硫酸、0.1mol/l 氢氧化钠、pH = 3.6 缓冲溶液、pH = 4.5 缓冲溶液等进行空白基线校正,再分别以它们作为参比溶液,经波长定位后对以上配制的 4 种不同介质的苯甲酸溶液绘制其紫外定性吸收扫描光谱谱图和最大吸光度值。

五、结果处理

1. 设计并打印 4 种不同介质苯甲酸溶液的定性扫描曲线光谱图和吸光度值。

2. 根据苯甲酸溶液的吸收光谱,确定一个测定波长值,再确定该波长下 4 种溶液的吸光度 A_{HB},A_{B-},$A(pH=3.6)$,$A(pH=4.5)$。

3. 将溶液的 pH 值代入以下公式:

$$pK_a = pH + \lg\frac{[In^-]}{[HIn]}$$

分别计算 pH = 3.6 和 pH = 4.5 条件下的苯甲酸的离解常数 pK_a,并且计算其离解常数的平均值。

六、思考题

1. 综述如何才能用紫外-可见分光光度法测获准确可信的弱酸溶液的离解常数?

2. 测得的弱酸溶液的离解常数是否与溶液的 pH 值及其他因素有必然联系?

3. 改变测定波长,离解常数将会有什么变化? 倘若苯甲酸溶液在强酸性介质和强碱性介质中其吸收光谱无显著差异,请问能否用紫外-可见分光光度法测定其离解常数?

参 考 文 献

1. 于世林,李寅蔚编.波谱分析法实验与习题.重庆:重庆大学出版社,1993

2. 张剑荣,戚苓,方惠群编.仪器分析实验.北京:科学出版社,1999

3. 赵文宽,贺飞,方程,等编.仪器分析.北京:高等教育出版社,2000

4. 郭德济,刘瑞华,等编.实验与习题.重庆:重庆大学出版社, 1993

5. 复旦大学化学系.仪器分析实验.上海:复旦大学出版社, 1984

6. 戚苓,陈佩琴,翁筠蓉,等编.化学分析与仪器分析实验.南京:南京大学出版社,1992

[化学实验中心:杨　洗]

实验 7 二氯荧光素最大激发波长和最大发射波长的测定

一、实验目的

1. 掌握二氯荧光素最大激发波长和最大发射波长的测量方法。

2. 学会辨别荧光物质的分子荧光峰和拉曼散射峰。

3. 熟悉 LS55 荧光/磷光/分子发光光度计的定性扫描方法及定性测量软件数据处理操作。

二、实验原理

任何荧光物质都具有激发光谱和发射光谱。由于斯托克斯位移,荧光发射波长总是大于激发波长。并且,由于处于基态和激发态的振动能级几乎具有相同的间隔,分子和轨道的对称性都没有改变,荧光化合物的荧光发射光谱和激发光谱形式呈大同小异的"镜像对称"关系。

荧光激发光谱是通过测量荧光体的发光通量随波长变化而获得的光谱。它是荧光强度对激发波长的关系曲线,它可以反映不同波长激发光引起荧光的相对效率。荧光发射光谱是当荧光物质在固定的激发光源照射后所产生的分子荧光,它是荧光强度对发射波长的关系曲线。它表示在所发射的荧光中各种波长组分的相对强度。由于各种不同的荧光物质有它们各自特定的荧光发射波长值,所以,可用它来鉴别各种荧光物质。

可以依据绘制其激发光谱曲线时所采用的最大激发波长值来

确定某荧光物质的分子荧光波长值和绘制荧光光谱曲线。同一荧光物质的分子荧光发射光谱曲线的波长范围不因它的激发波长值的改变而位移。由于这一荧光特性,如果固定荧光最大发射波长(λ_{em}),然后改变激发波长(λ_{ex}),并以荧光强度为纵坐标,以激发光波长为横坐标绘图即获得激发光谱曲线,从中能确定最大激发波长($\lambda_{ex,max}$)。反之,固定最大激发波波长值,测定不同发射波长时的荧光强度,即得荧光发射光谱曲线和最大荧光发射波长值。

三、仪器和试剂

1. 荧光/磷光/分子发光光度计(LS55,美国 PerkinElmer 生产)。它的主要技术指标如下:

测量波长范围:200~650 nm

光源:脉冲氙灯

测量模式:激发光谱、发射光谱、波长同步光谱、能量同步光谱

测量方式:定性、定量、三维扫描、荧光动力学

2. 二氯荧光素(0.50μg/mL)标准工作溶液(内含 1mol/L 氢氧化钠 5mL 和 1mol/L 盐酸 3ml)

3. 四面通石英比色皿一个(10mm×10mm)

4. 10 mL 具塞比色管

5. 1mL/2 mL 移液管

6. 洗耳球

7. 二次蒸馏水

8. 洗瓶

9. 镜头纸

四、实验步骤

1. 配制浓度为 0.50μg/mL 的二氯荧光素溶液,准备好实验所需的器皿工具。

2. 打开计算机、打印机和荧光光度计主机,预热 5min。

3. 对荧光光度计进行仪器初始化。

4. 选择定性扫描模式。安装测量参数。依次在激发波长值分别为350,340,360nm,波长扫描范围为200~650nm,激发和发射波长狭缝宽度分别为 5nm,响应时间为 10s,扫描速度为 1 000 时预扫描二氯荧光素的各发射光谱图,并且通过叠加的三份谱图分析和确定二氯荧光素的荧光发射峰。最后确定最大发射波长值(见图 7-1)。

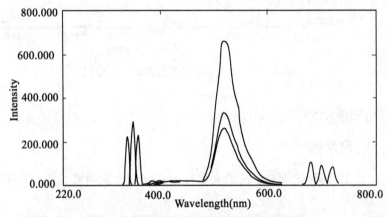

图 7-1　三种不同激发波长时的二氯荧光素发射光谱图

5. 将经实验步骤 4.确定的最大发射波长值设置到激发光谱类型中,测量其二氯荧光素的最大激发波长值。直到激发光谱和发射光谱中的峰高呈大同小异的等高状态为止。

6. 比较各扫描图,根据荧光峰不随激发波长改变而移位的特性,排除杂峰,确定荧光峰的波长范围及其最大荧光发射峰峰值(见图 7-2)。

五、结果处理

经 Microsoft Word 打印出所测量的图谱、参数、最大激发波长

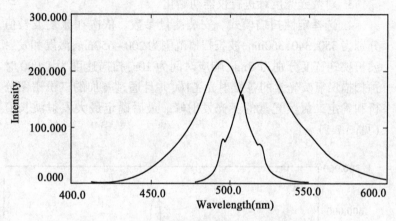

图 7-2   二氯荧光素激发光谱图和发射光谱图

值和最大发射波长值。

六、思考题

1. 解释荧光分子的最大激发波长和最大发射波长的相互关系。

2. 测量荧光物质的分子荧光光谱需要注意哪些分析事项？

3. 综述 LS55 荧光/磷光/分子发光光度计定性测量模式的操作特点。

4. 荧光相对强度与哪些因素有关？为什么？

参考文献

1. 陈国珍,黄贤智,郑朱梓,等编,荧光分析法.北京:科学出版社,1990

2. 赵文宽,张悟铭,王长发,等编.仪器分析实验. 北京:高等教育出版社, 1997

3. 张剑荣,戚苓,方惠群编.仪器分析实验.北京:科学出版

社,1999

4. 郭德济,刘瑞华,等编.实验与习题.重庆:重庆大学出版社,1993

[化学实验中心:杨 洗]

实验 8 二氯荧光素量子产率的测定

一、实验目的

1. 了解测量荧光物质的荧光量子产率的基本原理。

2. 掌握二氯荧光素量子产率的测量方法和相关影响因素。

3. 熟悉用 RF-5301PC 分子荧光光谱仪进行积分面积计算的操作步骤。

二、实验原理

荧光量子产率(Y_F)即荧光物质吸光后所发射的荧光的光子数与所吸收的激发光的光子数之比值。并且,它的数值在通常情况下总是小于 1。Y_F 的数值越大则化合物的荧光越强,而无荧光的物质的荧光量子产率却等于或非常接近于零。

荧光量子产率的数值一般常采用参比法测定。通过比较在相同激发条件下所获得的待测荧光试样和已知量子产率的参比荧光标准物质两种稀溶液的积分荧光强度(即校正荧光光谱所包括的面积),以及这一相同激发波长的入射光(紫外-可见光)的吸光度,再将这些值分别代入一特定公式进行计算后就可获得待测荧光试样的量子产率:

$$Y_u = Y_s \cdot \frac{F_u}{F_s} \cdot \frac{A_s}{A_u}$$

式中,Y_u,Y_s 分别为待测物质和参比标准物质的荧光量子产率;F_u,F_s 分别为待测物质和参比物质的积分荧光强度;A_s,A_u 分别为待测物质和参比物质在该激发波长的入射光的吸光度$(A=\varepsilon bc)$。

运用此公式时入射光的吸光度A_s,A_u最好低于$0.05A$;待测试样和参比标准样的溶液浓度最好均低于$0.1mol/mL$。参比标准样最好选择其激发波长值相近的荧光物质。有分析应用价值的荧光化合物的Y_u一般常在$0.1\sim1$之间。

三、仪器和试剂

1. 分子荧光光谱仪(RF-5301PC,日本岛津公司生产)
2. 紫外光谱仪(UV-1601,日本岛津公司生产)
3. 二氯荧光素($0.50\mu g/mL$)待测试样溶液(内含$1mol/L$氢氧化钠5mL和$1mol/L$盐酸3ml)
4. 罗丹明B($0.50\mu g/mL$)参比标准溶液(溶剂为无水乙醇)
5. 四面通石英比色皿一个($10mm\times10mm$)
6. 二面通石英比色皿一对($10mm\times10mm$)
7. 10 mL 具塞比色管
8. 1mL/2 mL 移液管各一支
9. 洗耳球
10. 洗瓶
11. 镜头纸

四、实验步骤

1. 移取所需要量浓度为$0.50\mu g/mL$的二氯荧光素溶液和罗丹明B溶液,准备好实验所需的器皿和工具。
2. 打开计算机、打印机和RF-5301PC分子荧光仪主机,预热5min。
3. 打开氙灯、RF-5301PC分子荧光仪图标进行仪器初始化。
4. 测量待测试样和参比标准物质的积分荧光强度。在获得方式中选择定性模式;在发射光谱类型中选用激发波长为505nm,波长扫描范围为$400\sim700nm$,强度为300;激发和发射波长狭缝宽度分别为 1.5nm;扫描速度为很快、灵敏度为高的条件下测量二氯荧光素的发射光谱图,并且通过操作菜单的峰面积一项确定二氯荧光素待测溶液的积分荧光强度,即校正荧光光谱所包括的面积(见图 8-1)。

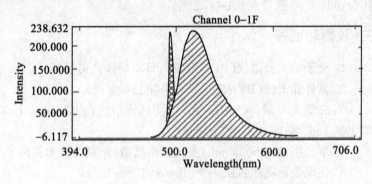

图 8-1　二氯荧光素荧光发射光谱的积分面积

再用与二氯荧光素相同的激发波长 505nm、相同的狭缝宽度、扫描速度、灵敏度条件,于波长扫描范围为 500~700nm、强度范围为 0~900 的条件下,测量参比标准溶液罗丹明 B 的积分荧光强度(见图 8-2)。

5. 打开紫外光谱仪主机进行初始化并且稳定 5min。

6. 测量待测试样和参比标准物质的最大吸光度。采用与实验步骤 4.相同的激发波长值 505 nm,并且,二氯荧光素以蒸馏水为溶剂,罗丹明 B 为无水乙醇为溶剂,在紫外光谱仪上以定波长测量模式测量待测试样二氯荧光素溶液和参比标准溶液的吸光度 ABS。(注:各液所测获的吸光度 ABS 应以小于 0.05A 为佳。)

五、结果处理

1. 通过 Word 输出待测试样和参比标准溶液各自的积分荧光强度图谱、数据、结果并打印之。

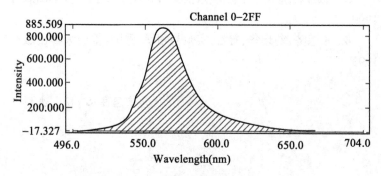

图 8-2　罗丹明 B 的荧光发射光谱的积分面积

2. 打印待测试样和参比标准溶液各自的紫外吸光度值。

3. 从相关资料查阅参比标准物质罗丹明 B 在乙醇溶剂中的量子产率。

4. 将所获得的各相关数据代入荧光量子产率计算公式,计算其最终二氯荧光素溶液的量子产率数值。

六、思考题

1. 影响荧光量子产率测量准确性的因素有哪些? 如何才能获得可靠的量子产率测量数值?

2. 如何选择测量某荧光物质的荧光量子产率的荧光参比标准物质它的作用是什么?

3. 综述参比法测量分子荧光量子产率的特点。

参 考 文 献

1. 陈国珍,黄贤智,郑朱梓,等编.荧光分析法.北京:科学出版社,1990

2. 赵文宽,张悟铭、王长发,等编.仪器分析实验. 北京:高等教育出版社, 1995

3. 张剑荣,戚苓,方惠群编.仪器分析实验.北京:科学出版社,1999

4. 郭德济,刘瑞华,等编.实验与习题.重庆:重庆大学出版社,1993

[化学实验中心:杨　洗]

实验 9　分子荧光标准曲线法定量测量荧光素钠的含量

一、实验目的

1. 掌握荧光物质的标准曲线法定量测量含量的操作方法和原理。

2. 了解分子荧光光谱定量分析与定性分析的特点及区别。

3. 熟悉 LS55 荧光/磷光/分子发光光度计定量法测量软件的数据处理。

二、实验原理

含有荧光基团的化学物质,其分子吸收了辐射能成为激发态分子,再从激发态返回基态时发射光的波长比吸收的入射光波长更长,分子荧光就是发光方式中较常见的光致发光。在一定频率和一定强度的激发光照射下,当溶液的浓度很小和光被吸收的分数也不太大时,稀溶液体系将符合朗伯-比尔定律,该溶液所产生的荧光强度与溶液中这种荧光物质的浓度呈线性关系,可用公式表示为:

$$I_F = 2.3 K' kbc I_0$$

当入射光强度 I_0 一定时: $I_F = Kc$

以上两式中,K' 为荧光量子效率;K 为荧光分子的摩尔吸光系数;b 为液槽厚度;c 为荧光物质的浓度。

二氯荧光素在酸性体系中具有强的荧光特性,它的激发波长为 496nm，发射波长为 518nm。在稀溶液体系中，二氯荧光素溶液的荧光强度与荧光物质浓度成正比关系。

分子荧光标准曲线法是取一定已知量的标准物质与待分析试样溶液经过相同的处理后，配制成一系列的标准溶液，测定其荧光强度，并以荧光强度为纵坐标，以标准溶液浓度为横坐标绘制其工作曲线，再由所测出的试样溶液的荧光强度对工作曲线作图，从而求出试样溶液中该被分析检测物质的实际浓度含量。此法适用于痕量分析，并且标准溶液和试样溶液的荧光强度必须是在荧光仪已扣除空白溶液的荧光强度的读数。

三、仪器和试剂

1. 荧光/磷光/分子发光光度计（LS55，美国 PerkinElmer 生产）

2. 二氯荧光素（0.50μg/mL）标准工作溶液（内含 1mol/L 氢氧化钠 5mL 和 1mol/L 盐酸 3ml）

3. 荧光素钠待测试样

4. 四面通石英比色皿一个（10mm×10mm）

5. 10 mL 具塞比色管

6. 1mL/2mL 刻度移液管各一支

7. 洗耳球

8. 洗瓶

9. 镜头纸

10. 二次蒸馏水

四、实验步骤

1. 配制标准溶液系列：在 5 支 5mL 具塞刻度试管内按表 9-1 移取浓度为 0.50μg/mL 的标准二氯荧光素储备溶液。

表 9-1　　　　　　　　　**二氯荧光素标准溶液配制表**

5 mL 容量瓶编号(#)	需要移取的储备标液量(mL)	配制的溶液浓度(μg/mL)
标准溶液 1#	0.0	0.00
标准溶液 2#	0.2	0.02
标准溶液 3#	0.4	0.04
标准溶液 4#	0.6	0.06
标准溶液 5#	0.8	0.08
标准溶液 6#	1.0	0.10

注备:二氯荧光素标准试样储备溶液浓度为 0.5μg/mL

2. 打开计算机、打印机和 LS55 荧光/磷光/分子发光光度计,预热 5min。

3. 进行仪器初始化。

4. 定量分析测量参数选择。在 Setup parameters 窗口中选择安装激发为 505/发射波长为 523(单位为 nm),激发/发射光狭缝分别为 5。Integration time(s)为 10。Em.filter 选择为 open。TEM 必须要选择为 out of beam。

5. 绘制二氯荧光素的标准工作曲线。采用多点标准曲线法,Intercet 项不选择(即不打勾),此时曲线将呈"截距不通过零点"。测量系列二氯荧光素标准溶液的荧光强度与浓度的关系曲线。

6. 荧光素钠未知待测样的含量测定。移取适量所配制好的荧光素钠未知浓度的稀溶液,与标准系列溶液同样的条件下,测量该待测试样溶液的浓度。

五、结果处理

打印出所测量的工作曲线、测量条件参数以及未知待测试样的浓度和强度列表。

六、思考题

1. 综述分子荧光定量分析中溶液浓度与强度的互相关系及定量分析原理。

2. 试述荧光/磷光/分子发光光度计定量测量模式有何操作特点。

3. 影响分子荧光定量分析准确性的因素有哪些？在分析过程中应注意哪些问题？

参 考 文 献

1. 陈国珍,黄贤智,郑朱梓,等编.荧光分析法.北京:科学出版社,1990

2. 赵文宽,张悟铭,王长发,等编.仪器分析实验.北京:高等教育出版社,1995

3. 赵文宽,贺飞,方程,等编.仪器分析.北京:高等教育出版社,2000

4. 张剑荣,戚苓,方惠群编.仪器分析实验.北京:科学出版社,1999

5. 郭德济,刘瑞华,等编.实验与习题.重庆:重庆大学出版社,1993

[化学实验中心:杨　洗]

实验 10　不同物态样品红外透射光谱的测定

一、实验目的

1. 了解红外光谱仪的基本组成和工作原理。

2. 掌握红外光谱分析时各种物态试样的制备及测试方法。

3. 熟悉化合物不同基团的红外吸收频率范围,学会用标准数据库进行图谱检索及化合物结构鉴定的基本方法。

二、实验原理

红外光谱分析是研究分子振动和转动信息的分子光谱。当化合物受到红外光照射,化合物中某个化学键的振动或转动频率与红外光频率相当时,就会吸收光能,并引起分子永久偶极矩的变化,产生分子振动和转动能级从基态到激发态的跃迁,使相应频率的透射光强度减弱。分子中不同的化学键振动频率不同,会吸收不同频率的红外光,检测并记录透过光强度与波数(1/cm)或波长的关系曲线,就可得到红外光谱。红外光谱反映了分子化学键的特征吸收频率,可用于化合物的结构分析和定量测定。

根据实验技术和应用的不同,我们将红外光划分为三个区域:近红外区($0.75 \sim 2.5 \mu m$; $\bar{\nu}$:$13\ 158 \sim 4\ 000$),中红外区($2.5 \sim 25 \mu m$; $\bar{\nu}$:$4\ 000 \sim 400$)和远红外区($25 \sim 1\ 000 \mu m$; $\bar{\nu}$:$400 \sim 10$)。分子振动伴随转动大多在中红外区,一般的红外光谱都在此波数区间进行检测。

红外光源傅里叶变换红外光谱仪主要由红外光源、迈克尔逊干涉仪、检测器、计算机和记录系统五部分组成。红外光经迈克尔逊干涉仪照射样品后,再经检测器将检测到的信号以干涉图的形式送往计算机,进行傅里叶变换的数学处理,最后得到红外光谱(见图 10-1)。

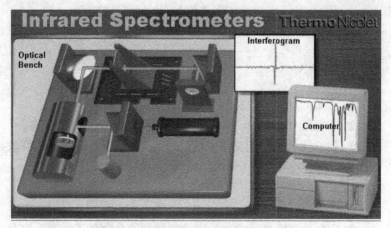

图 10-1　傅里叶红外光谱仪的基本组成

三、仪器和试剂

1. Avatar 360 FT-IR 红外光谱仪(美国尼高力公司)
2. 压片机
3. 压片模具
4. 固体、液体及溶液装样器具(日本岛津公司)
5. 玛瑙研钵
6. KBr
7. NaCl 盐片
8. KBr(光谱纯)
9. 液体石蜡
10. 丙酮

11. 乙醇

12. 正丁醇

13. 乙酰苯胺（A.R.级）

14. 聚苯乙烯薄膜

15. 苯乙烯马来酸酐共聚物

四、实验步骤

1. 样品的制备

a.固体样品的制备。

（1）溴化钾压片。

取约 1mg 固体试样于干净的玛瑙研钵中,在红外灯下研磨成细粉,再加约 200mg 干燥 KBr 粉末一起研磨,直至二者完全混合均匀(颗粒约为 2μm 以下)。取出压片模具,将一压舌光面向上放入模芯中,套上套环,用样品勺将样品小心加入模具中,堆积均匀,另取一压舌光面向下放入模芯中,稍加压力使样品铺平,盖上罩子。把装好的模具放在油压机上,关闭气压阀,手动加压直至压力表指示约为 400 kgf 时,停止加压,保持 1~3min 后放气泄压。取出模具,将样品脱模,得一透明圆片,用小镊子将其放在试样架上,插入检测池测定红外光谱图。

（2）液体石蜡研糊。

取 2~3mg 固体试样于干净的玛瑙研钵中研细,滴加 1~2 滴液体石蜡后,充分研磨混匀呈糊状,在红外灯下干燥,取出样品架和 KBr(或 NaCl)盐片,将研磨好的样品用不锈钢勺刮到盐片上,涂匀后压上另一盐片,装入样品架下面板,位置调整适当后,插入上面板,将样品架的对角用螺丝旋紧固定,然后插入检测池测定红外光谱图。

（3）薄膜法(多用于高分子化合物的测定)。

通常将试样热压成膜,将膜夹在两盐片之间,放入样品架固定,测定其红外图谱(薄膜样品可直接采用此法测定)。也可将聚合物溶于适当的溶剂中(浓度为 1%~20%),然后将溶液滴在盐片上摊匀,在红外灯下使溶剂逐渐挥发成膜后,盖上另一盐片,装入样品架固定,插入检测池测定红外光谱图。

b.液体样品的制备。

液膜法:对于高沸点、低粘度的样品,可将样品直接滴在盐片上,盖上另一盐片;对于粘度较大的样品,用不锈钢勺将少许样品涂在盐片表面,在红外灯下烘烤,将样品刮匀,盖上另一盐片,使两盐片之间形成一定厚度的液膜,装入样品架固定,插入检测池测定红外光谱图。对于低沸点易挥发的样品,应采用封闭式液体池检测。

c.气体样品的制备。

取出气体进样槽(见图 10-1),打开进样槽两活塞中任意一个,将其与真空泵相连接;打开真空泵,抽出空气槽内原有的空气,关闭抽气活塞及油泵开关。将气体样品接入样槽任意一个入口,打开活塞注样,气体样品吸收峰强度的大小是通过调整气槽内样品压力实现的,因此在注样时,可将气槽另一入口和压力计相连,使气槽压力控制在所需范围内进行检测。

2. 样品检测

(1)打开 Avatar 360 FT-IR 光谱仪电源开关;运行电脑中 omnic version 6.0 软件,设置实验参数。

(2)测定空气背景。

(3)将预先制备好的样品插入样品架,测定红外图谱。

五、注意事项

1. 溴化钾样品的浓度和片的厚度应适当,在样品研磨、放置的过程中应特别注意干燥。

2. 切不可用手触摸 NaCl,KBr 盐片表面;用丙酮清洗盐片,用镜头纸或脱脂棉擦拭后,放入干燥器中保存。

3. 液体样品制备前应干燥除水,水溶液应使用 CaF_2 或 BaF_2

窗片;腐蚀性样品切不可用常规盐片制备。

六、数据处理

1. 采用常规图谱处理功能,对所测图谱进行基线校正及适当的平滑处理,标出主要吸收峰的波数值,储存数据并打印图谱。

2. 用计算机进行图谱检索,并判别官能团的归属。

3. 归纳不同化合物中相同基团出现的频率范围。

七、思考题

1. 为什么红外光谱检测要采用特殊的制样方法?

2. 为什么溴化钾压片制样容易造成图谱倾斜,而液体和薄膜样品却没有这种现象?

3. 区别饱和碳氢与不饱和碳氢的主要标志是什么? 有机酸、苯环的光谱特征是什么?

4. 哪些样品不适宜采用溴化钾压片制样?

[化学实验中心:胡　翎]

实验 11　　红外反射光谱的测定

一、实验目的

1. 了解各种反射附件的工作原理。
2. 初步掌握不同附件的应用及检测方法。

二、实验原理

1. 衰减全反射(ATR)

衰减全反射装置是将红外光照射在有较高折射率的晶体(ZnS,Ge 等)上,光穿过晶体折射到样品表面一定深度后,反射回表面。当样品的折射率小于晶体的折射率,入射光的入射角大于临界角时,即可产生全反射现象,收集此时的反射光,可获得样品的衰减全反射光谱。此方法特别适合于材料分析,如塑料、橡胶、纸张等,也可用于水溶液和粉末样品的检测。衰减全反射的光路和附件见图 11-1。

2. 漫反射(DR)

漫反射的装置是将粉末样品分散在溴化钾介质当中,让红外光聚焦照射在样品上,部分光经折射进入样品内部与其中分子发生作用,辐射出的光分散在样品表面的各个方向被称为漫反射。由于漫反射光与样品发生了作用,收集并检测漫反射光谱,即可得到样品分子结构的相关信息。此方法适于粉体、粉体表面吸附物的检测,也可采用金刚砂纸打磨固体表面的取样方法,检测固体样品。漫反射示意图和漫反射附件光路图见图 11-2 和图 11-3。

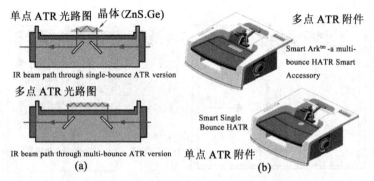

图 11-1　衰减全反射(ATR)的光路和附件

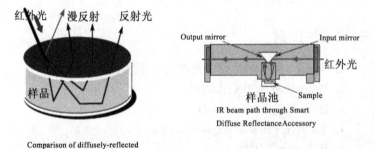

图 11-2　漫反射示意图　　　　图 11-3　漫反射附件光路图

3. 镜反射(SR)

镜反射装置是将红外光照射在样品上,对于具有强吸收或不透明的光洁表面覆盖物,入射光不穿过表层,仅仅在表面发生反射,检测此时的反射光,可得到样品的镜反射光谱。对于金属表面涂膜,入射光穿过样品薄膜,在金属表面反射后,再次穿过样品,检测此时的反射光,得到的是样品的反射吸收图谱(RAS),它主要用于研究金属表面涂层物结构,如饮食包装材料等。可变角反射附件光路示意图和可变角反射附件见图 11-4 和图 11-5。

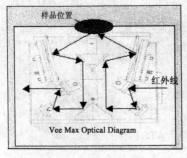
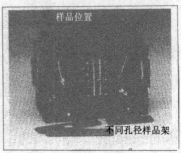

图 11-4　可变角反射附件　　　　　图 11-5　可变角反射附件
　　　　　光路示意图

三、仪器和试剂

1. Nexus 670 FT-IR 红外光谱仪 (美国尼高力公司)
2. Multi-Bounce HATR 附件
3. Diffuse Reflectance 附件
4. VeeMax Variable Angle Specular
5. Reflectance 附件
6. 玛瑙研钵
7. KBr(光谱纯)
8. 乙醇
9. 样品 1#(硅橡胶)
10. 样品 2# (三氧化二铝表面有机吸附物)
11. 样品 3#(金属电极表面物质)

四、实验步骤

1. 打开 Nexus 670 FT-IR 光谱仪电源开关;打开电脑中 omnic version 6.0 软件,设置实验参数。
2. 打开样品舱盖,插入反射附件,测定背景(注意不同样品,应选择适宜的参照物为背景）。

　　3. 放入样品,测定红外反射图谱。

　　● 用 ATR 附件,以空气为背景,测定样品 1# 的红外图谱。

　　● 用 DR 附件,以干燥的溴化钾粉末为背景,测定样品 2# 的红外图谱。

　　● 用 SR 附件,以金属电极为背景,测定样品 3# 的红外图谱。

五、注意事项

　　1. 制备镜反射检测的样品,应事先对金属的表面作抛光处理。

　　2. 漫反射测样时间不宜过长,尽可能减少溴化钾粉末吸水带来的干扰。

　　3. 用 ATR 附件测定固体样品时,样品表面应平整,压样架要压紧,保证样品与晶体充分接触。

六、数据处理

　　1. 采用与红外吸收光谱相同的常规方法进行数据处理。

　　2. 当表面光滑或高反射样品引起镜反射图谱失真,产生导数峰时,需要进行 K-M 校正。

　　3. 经 K-M 校正后的漫反射图谱,可以进行定量分析,方便与吸收图谱比较。

　　4. 经 ATR 校正后的衰减全反射图谱,才能进行数据检索。

七、思考题

　　1. 对于小颗粒、有弹性的高分子样品,可采用哪些红外检测方法?

　　2. 采用 ATR 附件测定水溶液样品与采用溶液池测定透过谱相比,各有哪些优缺点?

[化学实验中心:胡　翎]

实验 12　　无机、有机化合物拉曼光谱测定

一、实验目的

1. 了解傅里叶激光拉曼光谱仪的基本原理及性能。
2. 初步掌握样品检测的基本方法。
3. 比较同一化合物红外光谱和拉曼光谱的异同,并对特征官能团进行指认,区别两者不同特点。

二、实验原理

拉曼光谱、红外光谱均为分子光谱,红外光谱是分子对红外光的特征吸收,而拉曼光谱是分子对光的散射。当激发光照射到分子表面时,与分子相互作用,大部分的光子只改变传播方向发生反射,少部分光子不仅改变光的传播方向,且频率也与激发光不同,这种散射称为拉曼散射。拉曼散射光与入射光频率的差值($\pm\Delta\nu$)称为拉曼位移,它与分子振动转动能级相关,分子中不同的化学键有不同的振动能级,相应的拉曼位移也是特征的,因此,拉曼光谱可以用于分子结构定性、定量分析,它与红外光谱互补,可得到较完整的分子振动能级跃迁信息。红外、拉曼光谱能量示意见图12-1。

三、仪器和试剂

1. Nexus 670 FT-Raman Module（美国尼高力公司）
2. 核磁管

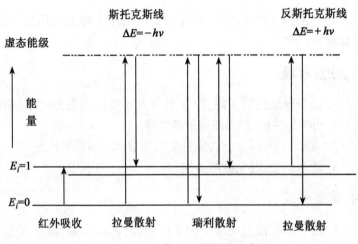

图 12-1　红外、拉曼光谱能量示意图

3. 毛细管

4. 乙酰苯胺

5. 聚苯乙烯固体

6. 苯乙烯马来酸酐共聚物

7. 重铬酸钾

四、实验步骤

1. 打开拉曼光谱仪电源开关,将聚苯乙烯固体试样放入样品架。

2. 打开电脑中 omnic version 6.0 软件,选择使用拉曼附件,设置实验参数。

3. 打开拉曼激光锁,分别用白光、激光调节最佳光路,测定拉曼图谱。

4. 粉体、液体样品均可放入核磁管中进行检测,管内样品约 1cm 高即可;对于少量式样可采用毛细管装样的方法测定拉曼图谱。

5. 样品测试完毕之后,应首先关闭软件中的激光开关,退出拉曼设置。

五、注意事项

1. 由于样品性质不同,应由小到大逐步增加激光功率,在保证不灼伤样品的情况下,获得最佳光谱。

2. 每测一个样品之后,应将激光功率调小至待机状态。

3. 适当避光,避免检测器饱和。

六、数据处理

1. 进行基线校正及适当的平滑处理,标定峰值,储存数据并打印图谱。

2. 对测定的图谱进行数据检索,判别归属,并与红外图谱相比较。

七、思考题

1. 拉曼图谱的峰强度与哪些因素相关?它与红外图谱有何不同?

2. 依据红外和拉曼光谱的实验方法原理,分析拉曼光谱应用特点。

3. 傅里叶拉曼光谱仪为什么能大大减少荧光现象,试说明其优点和不足。

[化学实验中心:胡　翎]

实验 13　核磁共振波谱法测定
乙基苯的结构

一、实验目的

1. 了解核磁共振的基本原理、傅里叶变换脉冲核磁共振谱仪的基本结构。

2. 了解核磁共振波谱样品的制备、测定方法与步骤、简单图谱的识别与分析。

3. 了解核磁共振谱仪使用的注意事项。

二、实验原理

1. NMR 的基本原理

磁矩不为零的原子核存在核自旋。由此产生的核磁矩 μ 的大小与磁场方向的角动量 P 有关:

$$\mu = \gamma P$$

式中,γ 为磁旋比,每种核有其固定值。而且,

$$P = m \frac{h}{2\pi}$$

或

$$\mu = m \frac{\gamma h}{2\pi}$$

式中,h 为 Planck 常数(6.624×10^{-27} erg.s);m 为磁量子数,其大小由自旋量子数 L 决定,m 共有 $2L+1$ 个取值,或者说,角动量 P 有 $2L+1$ 个状态。

必须注意:在无外加磁场时,核能级是简并的,各状态的能量

相同。

对氢核来说,$L=1/2$,其 m 值只能有 $2\times1/2+1=2$ 个取向:
$+1/2$和$-1/2$。也即表示 H 核在磁场中,自旋轴只有两种取向:

(1)与外加磁场方向相同,$m=+1/2$,磁能级较低;

(2)与外加磁场方向相反,$m=-1/2$,磁能级较高。

在强磁场中,核自旋的能级将发生分裂。该分裂能极小:如在
1.41T 磁场中,磁能级差约为 25×10^{-3}J,当吸收外来电磁辐射($4\sim$
900MHz)时,将发生核能级的跃迁——产生所谓核磁共振(NMR)
现象。即:

射频辐射→原子核(强磁场下,能级分裂)→吸收→

能级跃迁→NMR

NMR 通过研究原子核对射频辐射的吸收,以对各种有机和无
机物的成分、结构进行定性分析,有时亦可进行定量分析。如在测
定有机化合物的结构时,利用质子共振(^{1}H NMR)信号出现的位
置、强度及其分裂情况以确定氢原子的位置、环境以及官能团和 C
骨架上的 H 原子相对数目等。

与 UV-vis 和红外光谱法类似,NMR 也属于吸收光谱,只是研
究的对象是处于强磁场中的原子核对射频辐射的吸收。

当样品被宽频射频信号照射后,样品的总磁化矢量偏离平衡
态。在断开射频辐射后,磁化矢量会逐步返回平衡态(弛豫),同
时产生感应电动势,即自由感应衰减(FID)。其特征为随时间而
递减的点高度信号,再经过傅里叶变换后,得到强度随频率的变化
曲线,即为我们所熟知的核磁共振谱图。

2. 傅里叶变换脉冲核磁谱仪的基本组成

核磁共振谱仪的组成见图 13-1。

三、仪器和试剂

1. Varian Mercury VX-300 核磁共振谱仪
2. 5mm 核磁样品管

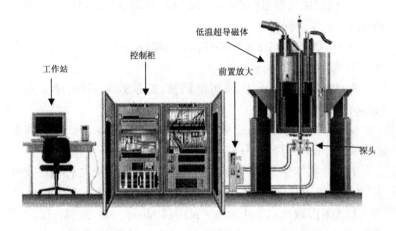

图 13-1　核磁共振谱仪的组成

3. 乙基苯

4. 氘代氯仿($CDCl_3$)

四、实验步骤

1. 样品溶液的配制:配制浓度约为 0.01M 的乙基苯的氘代氯仿溶液,并装入核磁样品管。

2. 将核磁样品管小心插入转子,再通过规尺调整好样品管的高度。

3. 输入弹出样品命令:e,将样品放入后,再输入进样命令:i。

4. 进行锁场(lock),将溶剂选为 $CDCl_3$,再用自动程序去锁场(find z0)。

5. 匀场(shim):进入匀场实验区,输入 gmapsys,再点击(Autoshim on Z),进行自动匀场,当显示已收敛(converged)后,自动匀场完成,若收敛值在完成 10 次迭代后,还没有收敛,则需再点击(Autoshim on Z),直到收敛为止。

6. 设定实验参数(谱宽 sw、fid 取样时间 at、延迟时间 d1、发射机偏值 tof 等),例如:

$sw = 6\,000, at = 1.5\ d1 = 1 \sim 2, tof = 240, vp = 12$。

7. 数据采集(ga,go)。

8. 相位校正:aph 自动相位调整,如果效果不佳,则要点击 phase,进行手动调整。

9. 积分:点击 integral 至 part integral,先用 cz 清除积分线断点,再点击 reset 进行积分断点设置。

10. 数据存储:建立文件 text('文件名');读取文件 rt('文件名');保存文件 svf('文件名')

11. 图谱输出:以 pl pscale pir ppf pltext page 为例,pl(绘谱图) pscale(绘标尺) pir(标积分值) ppf(标化学位移值) pltext(打印文件名)。

五、数据处理

目前图谱处理采用 Varian 公司提供的专用处理软件 Vnmr 6.1C在 SUN 工作站上完成,亦可使用 MestRec 或 NUTS 等软件在 PC 机上完成。

六、注意事项

1. 当样品管进入磁体时,自动匀场开始前,操作一定要慢,听到样品管到位声之后,再进行下一步操作。

2. 样品管中溶剂的高度一定要超过规尺中虚线框的高度。

3. 由于实验的操作系统为 UNIX 系统,与 Windows 不同,需要熟悉一下键盘和鼠标,以及记住部分操作命令。

七、思考题

1. 如何从样品配制入手,做好准备工作?

2. 样品旋转的作用是什么?

3. 为什么要对样品锁场,不锁场可以记录图谱吗?

4. 为什么需要匀场,使用氘代溶剂的作用是什么?

5. 氢谱和碳谱实验中谱宽的选择范围如何确定?

[化学实验中心:吴晓军]

实验 14　离子选择电极法测定天然水中的 F^-

一、实验目的

1. 掌握电位法的基本原理。
2. 学会使用离子选择电极的测量方法和数据处理方法。

二、实验原理

　　氟离子选择电极是以氟化镧单晶片为敏感膜的电位法指示电极,对溶液中的氟离子具有良好的选择性。氟电极与饱和甘汞电极组成的电池可表示为:

$$Ag, AgCl \mid \begin{pmatrix} 10^{-3} \text{mol/LNaF} \\ 10^{-1} \text{mol/LNaCl} \end{pmatrix} \mid LaF_3 \mid F^- (试液) \parallel KCl(饱和),$$

$Hg_2Cl_2 \mid Hg$

$$E(电池) = E(SCE) - E(F)$$

$$= E(SCE) - \kappa + \frac{RT}{F} \ln \alpha(F,外)$$

$$= K + \frac{RT}{F} \ln \alpha(F,外)$$

$$= K + 0.059 \lg \alpha(F,外)$$

式中,0.059 为 25℃时电极的理论响应斜率,其他符号具有通常意义。

　　用离子选择电极测量的是溶液中的离子活度,而通常定量分析需要测量的是离子的浓度,不是活度。所以必须控制试液的离子强度。如果被测试液的离子强度维持一定,则上述方程可表

示为:

$$E(电池) = K+0.059lg\alpha(F,外)$$

用氟离子选择电极测量 F⁻时,最适宜 pH 值范围为 5.5 ~ 6.5。pH 值过低,易形成 HF_2^-,影响 F⁻ 的活度;pH 值过高,易引起单晶膜中 La^{3+} 的水解,形成 $La(OH)_3$,影响电极的响应。故通常用 pH 值约为 6 的柠檬酸盐缓冲溶液来控制溶液的 pH 值。柠檬酸盐还可消除 Al^{3+},Fe^{3+} 的干扰。

三、仪器和试剂

1. 离子计或 pH/mV 计
2. 电磁搅拌器
3. 氟离子选择电极
4. 饱和甘汞电极
5. 氟离子标准溶液:0.100mol/L;1.0×10^{-3} mol/L。
6. 柠檬酸钠缓冲溶液:0.5mol/L(用 1∶1 盐酸中和至 pH≈6)。

四、实验步骤

1. 准备

将氟电极和甘汞电极分别与离子计或 pH/mV 计相接,开启仪器开关,预热仪器。

2. 清洗电极

取去离子水 50~60mL 置于 100mL 的烧杯中,放入搅拌磁子,插入氟电极和饱和甘汞电极。开启搅拌器,2~3min 后,若读数大于−370mV,则更换去离子水,继续清洗,直至读数小于−370mV。

3. 工作曲线法

a.标准溶液的配制及测定。

准确移取 5.00mL 0.100mol/L 的氟离子标准溶液置于 50mL 容量瓶中,加入 0.5 mol/L 的柠檬酸盐缓冲溶液 5.0mL,用去离子水稀释至刻度,摇匀。用逐级稀释法配成浓度为 10^{-2}, 10^{-3}, 10^{-4}, 10^{-5}, 10^{-6}mol/L 的一组标准溶液。逐级稀释时,只需添加 4.5mL 的柠檬酸盐缓冲溶液。

将标准溶液分别倒出部分置于塑料烧杯中,放入搅拌磁子,插入已经洗净的电极,一直搅拌,待读数不变稳定 2min 后,读取电位值。按顺序从低至高浓度依次测量,每测量 1 份试液,无需清洗电极,只需用滤纸沾去电极上的水珠。测量结果列表记录。

b. 水样的测定。

取水样 25.0mL 置于 50mL 容量瓶中,加 0.5mol/L 柠檬酸钠缓冲溶液 5.0mL,用去离子水稀释至刻度并摇匀。倒出部分置于塑料烧杯中,放入搅拌磁子,插入干净的电极进行测定,按操作 a.方法读取稳定电位值。

4. 一次标准溶液加入法

准确移取水样 25.0mL 置于 100mL 干的烧杯中,加入0.5mol/L 的柠檬酸钠溶液 5.0mL,去离子水 20.0mL。放入搅拌磁子,插入清洗干净的电极,一直搅拌,待读数 2min 稳定不变时,读取电位值。再准确加入 1.0×10^{-3} mol/L 氟离子标准溶液1.00mL。同样测量出稳定的电位值。记下两次测定的电位值,计算出其差值($\Delta E = E_1 - E_2$)。

五、结果处理

1. 用测量出的系列标准溶液的数据,在计算机上采用 Office-excel 软件计算 $E_i \sim \lg C_F$ 曲线作直线方程处理的常数项(a, b)及其相关系数 R。

2. 根据水样测得的电位值,计算出 F^- 的浓度,再换算出水样中氟离子的实际含量(注意:以 mg/L 为单位)。

3. 根据一次标准溶液加入法所得的 ΔE 和从实验步骤 3 校正曲线计算得到的电极响应斜率(S)代入下述方程:

$$c_x = \frac{c_s V_s}{V_x + V_s}(10^{\Delta E/S} - 1)^{-1}$$

计算水样中氟离子的含量。式中,c_s 和 V_s 分别为标准溶液的浓度和体积;c_x 和 V_x 分别为试液的氟离子浓度和体积。

六、思考题

1. 氟离子选择电极在使用时应注意哪些问题?
2. 为什么要清洗氟电极,使其响应电位值负于-370mV?
3. 柠檬酸盐在测量溶液中能起到哪些作用?

[分析科学研究中心:王长发]

实验 15　恒电流库仑滴定法测定砷

一、实验目的

1. 通过本实验,学习掌握库仑滴定法的基本原理。
2. 学会恒电流库仑仪的使用技术。
3. 掌握恒电流库仑滴定法测定微量砷的实验方法。

二、实验原理

库仑滴定是通过电解产生的物质作为"滴定剂"来滴定被测物质的一种分析方法。在分析时,以 100%的电流效率产生一种物质(滴定剂),能与被分析物质进行定量的化学反应,反应的终点可借助指示剂、电位法、电流法等进行确定。这种滴定方法所需的滴定剂不是由滴定管加入的,而是借助于电解方法产生出来的,滴定剂的量与电解所消耗的电量(库仑数)成正比,所以称为"库仑滴定"。

仪器工作原理如图 15-1 所示。工作原理是:

1. 终点方式选择控制电路

指示电极由用户自己选用,其中有一块铂片,电位法和电流法指示时共用,面板设有"电位、电流""上升、下降"键开关,任用户根据需要选择。指示电极的信号经过微电流放大器或者微电压放大器进行放大,放大器是采用高输入阻抗的运算放大器,极化电流可以调节并指示,然后经微分电路输出一脉冲信号到触发电路,再推动开关执行电路去带动继电器使电解回路吸合、释放。

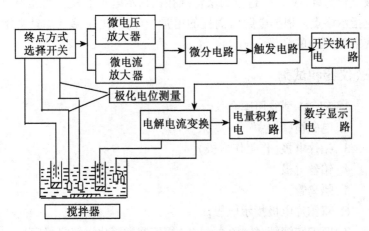

图 15-1　KLT-1 通用库仑仪方框图

2. 电解电流变换电路

由电压源、隔离电路及跟随电路组成。电解电流大小可变换射极电阻大小获得,电解电流共有 5,10,50mA 三档,由于电解回路与指示回路的电流是分开的,故不会产生电解对指示的干扰,电解电极的极电压最大不超过 15V。

3. 电量积算电路

该电路包括电流采样电路、V-f 转换电路及整型电路、分频电路。由于 V-f 转换电路采用高精度、稳定度好的集成转换电路,所以积分精度可达 0.2%~0.3%。这已经满足一般通用库仑分析的要求。该电路的电源也采用 15V 固定集成稳压块,稳定精度高,分频电路由一级 5 分频二级 10 分频组成。

4. 数字显示电路

该电路全采用 CMOS 集成复合块,数码管是 4 位 LED 显示。

本实验是采用恒电流 10mA 电解碘化钾的缓冲溶液(用碳酸氢钠控制溶液的 pH 值)产生的碘来测定砷的含量。在铂电极上碘离子被氧化为碘,然后与试剂中的砷(Ⅲ)反应,当砷(Ⅲ)全部被氧化为砷(Ⅴ)后,过量的微量碘在铂指示电极上发生的还原反应指示终点。根据电解所消耗的电量(Q),按法拉弟定律计算溶液中砷(Ⅲ)的含量。

三、仪器和试剂

1. KLT-1 型通用库仑仪
2. 电磁搅拌器
3. 铂片电极(作工作电极)
4. 铂丝电极
5. 隔离管
6. 双铂片电极指示电极。
7. 亚砷酸溶液:约 10^{-4} mol/L(用硫酸微酸化以使之稳定)。
8. 碘化钾缓冲溶液:溶解 60g 碘化钾、10g 碳酸氢钠,然后稀释至 1L,加入亚砷酸溶液 2~3mL,以防止被空气氧化。
9. 硝酸:$\psi(HNO_3) = 1:1$。
10. l mol/L 硫酸钠溶液。

四、实验步骤

1. 将铂电极浸入 1:1 硝酸溶液中,1min 后,取出用蒸馏水吹洗,用滤纸沾掉水珠。
2. 打开仪器电源,预热库仑仪。
3. 量取碘化钾缓冲溶液 70 mL,置于电解池中,滴加 1 滴亚砷酸溶液,放入搅拌磁子,将电解池放在电磁搅拌器上。将电极系统装在电解池上(注意铂片要完全浸入试液中),在阴极隔离管中注入 1mol/L 硫酸钠溶液,至管的 2/3 部位。铂片电极接"阳极",隔离管中铂丝电极接"阴极"。启动搅拌器,接好指示电极联线。
4. "量程选择"置 10mA,"工作,停止"开关置工作状态,按下"电流"和"上升"键,再同时按下"极化电位"和"启动"键,微安表指针读数应小于 20,如果较大,调节"补偿极化电位"旋钮,使其达到要求。弹起"极化电位"键,按"电解"按钮,开始电解。终点指示灯亮,停止电解。mQ 表显示值<50,表明仪器处于正常状态。弹起"启动"键,再滴加 1~2 滴亚砷酸溶液,按下"启动"键,按"电解"按钮开始电解,终点指示灯亮,终点到。为能熟悉终点的判断,可如此反复练习几次。

5. 准确移取亚砷酸 2.0 mL,置于上述电解池中,按下"启动"键,按"电解"按钮开始电解,终点指示灯亮,终点到。记下电解库仑值(mQ)。弹起"启动"键,再加入 2.0mL 亚砷酸溶液,按下"启动"键,按"电解"按钮。同样步骤测定。重复实验 4~5 次。

五、结果处理

根据几次测量的结果,算出毫库仑的平均值。按法拉弟定律计算亚砷酸的含量(以 mol/L 计)。

六、思考题

1. 写出滴定过程中工作电极上的电极反应和溶液里的化学反应。

2. 写出指示电极上的电极反应。

3. 碳酸氢钠在电解溶液中起什么作用?

[分析科学研究中心:王长发]

实验 16　二次导数单扫描极谱法测定水中的镉

一、实验目的

1. 熟悉控制汞滴极谱(伏安)法的基本原理和特点。
2. 掌握 JP-303 型极谱仪的基本使用方法。

二、实验原理

单扫描极谱法与经典极谱法的主要不同之处是:扫描速度不同,经典极谱法比较慢,约为 0.2V/min;而单扫描极谱法比较快,一般大于 0.2V/s。施加极化电压的方式和记录谱图的方法也不同,经典极谱法极化电压施加在连续滴落的多滴汞上才完成一个谱图;而单扫描极谱法仅施加在一滴汞的生长后期的 1~2s 瞬间内完成一个极谱图。前者采用笔录式记录法,而后者较早时采用阴极射线示波管法,而现今采用专用微机记录。定量分析依据的电流方程也不同,经典极谱法服从尤考维奇(Ilkovich)方程,而单扫描极谱法服从 Randles-Sevcik 方程。

对可逆电极反应过程,单扫描极谱仪上峰电流 i_p 可表示为:

$$i_p = 269 \times 10^2 n^{3/2} D^{1/2} v^{1/2} Ac \qquad (16\text{-}1)$$

而对滴汞电极,由于电极面积不断变化,其大小可表示为:

$$A = 0.85 m^{2/3} t^{2/3} \qquad (16\text{-}2)$$

代入(16-1)式中,即为单扫描极谱法滴汞电极上的电流方程:

$$i_p = 2.29 \times 10^2 n^{3/2} m^{2/3} t_p^{2/3} D^{1/2} v^{1/2} c \qquad (16\text{-}3)$$

式中,i_p 为峰电流(A);n 为电子转移数;m 为滴汞流速(mg/s);t_p

为汞滴生长至电流峰出现的时间(s);D 为扩散系数(cm^2/s);v 为扫描速度(V/s);c 为被测物质浓度(mol/L)。

在约 2.5mol/L HCl 介质中,Cd^{2+} 能在滴汞电极上产生良好的可逆极谱波。波峰电位在 -0.70V 左右(vs.SCE)。用二阶导数波可测定微量的镉。

JP-303 型极谱分析仪,采用进口的数字和模拟集成电路芯片,模/数和数/模转换为 12 位(精度达 1/4 096),因此有很高的可靠性、稳定性、重现性和准确度。仪器采用彩色薄膜功能键和 CRT 显示器实现全汉字的人机对话,通过屏幕菜单和提示行指导使用者进行操作。仪器的各种方法、参数,全部由微机设定、控制并存储起来。在测试过程中实时显示极谱曲线和进行各种数据处理和统计学误差处理。因此,JP-303 型极谱分析仪是一种使用灵活、操作简便的傻瓜式自动测量仪器。

三、仪器和试剂

1. JP-303 型极谱分析仪
2. 镉离子标准溶液(100μg/mL)
3. 盐酸溶液(6mol/L)

四、实验步骤

1. 标准溶液系列的配置

准确移取 100μg/mL 的镉离子标准溶液 0.25,0.50,0.75,1.00mL 置于一系列 25mL 的容量瓶中,再分别加入 6 mol/mL 的盐酸 5.0mL,用蒸馏水稀释至刻度,摇匀。

2. 样品溶液的制备

取水样 5.0mL 置于 25mL 容量瓶中,加入 6mol/L 的盐酸 5.0mL,用蒸馏水稀释至刻度,摇匀。

3. 测量步骤

a. 打开 JP-303 型极谱仪的电源。屏幕显示清晰后,输入当天的日期:××.××.××,按"ENT"键。

b. 屏幕显示"运行方式"菜单后,选取"使用当前方法"项,按"YES"键。屏幕将显示"线性扫描极谱法"的方法参数菜单:

导数(0~2)	2
量程(10^enA,$e=1~4$)	3
扫描次数(1~8)	4
扫描速率(50~1 000mV/s)	500
起始电位(−4 000~4 000mV)	−300
终止电位(−4 000~4 000mV)	−1 000
静止时间(0~999s)	5

如果显示的参数不符合要求,请按提示修改。

c. 测量标准溶液、绘制回归曲线

在教师指导下,将储汞瓶提升至一定高度,转移部分配好的标准溶液置于 10mL 小烧杯中,置电极系统于小烧杯中的试液里。按"运行"键,运行自动完成后,"波高基准"项闪烁,用∧∨键确定"后谷"方法处理图谱,按"YES"键。按"存储"键,"标准波峰数据"闪烁时,按"YES"键,选取相应波峰数据,按"YES"键,按提示输入测定的标准样品的含量(μg/mL),按"ENT"键。更换一杯待测试液,按"运行"键,按上述的步骤进行测量。直至四个标准溶液测定完成。

测完标准试样后,按两次"退回"键,再按"标准"键,定量分析菜单显示后,选"标准曲线法(0~9#)",输入你存储的测定数据表编码,屏幕将显示所存储的测定数据菜单。检查数据无误后,按"打印"键,数据表打印完成。按"计算"键,屏幕显示回归方程曲线图及其参数,按"打印"键,完成图及参数的打印。

d. 样品溶液的测定

转移部分配好的样品溶液置于 10mL 小烧杯中,置电极系统于小烧杯中的试液里。按"运行"键,运行自动完成后,"波高基准"项闪烁,用∧∨键选定"后谷"方法处理图谱,按"YES"键。再按"计算"键,屏幕将显示测定样品的谱图及其计算结果。按"打印"键,打印出样品的极谱图及计算的含量结果。

五、思考题

1. 观察连续扫描几次影屏开始显示谱图？从理论上说,你认为扫描几次显示谱图较好？

2. 从计算机调出工作曲线数据,在坐标纸上绘制曲线,查出水样中 Cd^{2+} 的含量,与计算机得到的结果比较,求二者误差。

[分析科学研究中心:王长发]

实验 17　循环伏安法测定铁氰化钾的电极反应过程

一、实验目的

1. 学习循环伏安法测定电极反应参数的基本原理及方法。
2. 熟悉伏安仪使用技巧。

二、实验原理

循环伏安法(CV)是最重要的电分析化学研究方法之一。在电化学、无机化学、有机化学、生物化学的研究领域广泛应用。由于其仪器简单、操作方便、图谱解析直观,常常是首先进行实验的方法。

CV法是将循环变化的电压施加于工作电极和参比电极之间,记录工作电极上得到的电流与施加电压的关系曲线。这种方法也常称为三角波线性电位扫描方法。图 17-1 中表明了施加电压的变化方式:起扫电位为 0.8V,反向起扫电位为 -0.2V,终点又回扫到 0.8V,扫描速度可从斜率反映出来,其值为 50mV/s。虚线表示的是第二次循环。一台现代伏安仪具有多种功能,可方便地进行一次或多次循环,任意变换扫描电压范围和扫描速度。

当工作电极被施加的扫描电压激发时,其上将产生响应电流。以该电流(纵坐标)对电位(横坐标)作图,称为循环伏安图。典型的循环伏安图如图 17-2 所示。该图是在 1.0mol/L KNO_3 电解质溶液中,6×10^{-3}mol/L $K_3Fe(CN)_6$ 在 Pt 工作电极上的反应所得到的结果。

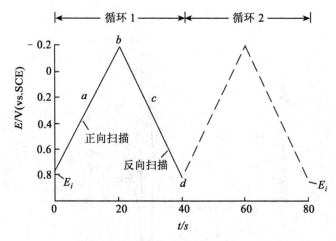

图 17-1　循环伏安法的典型激发信号

三角波电位,转换电位为 0.8V 和−0.2V(vs·SCE)

从图 17-2 可见,起始电位 E_i 为+ 0.8V(a 点),电位比较正的目的是为了避免电极接通后 $Fe(CN)_6^{3-}$ 发生电解。然后沿负电位(如箭头所指方向)扫描,当电位至 $Fe(CN)_6^{3-}$ 可还原时,即析出电位,将产生阴极电流(b 点)。其电极反应为:

$$Fe^{III}(CN)_6^{3-} + e^- \longrightarrow Fe^{II}(CN)_6^{4-}$$

随着电位的变负,阴极电流迅速增加($b{\rightarrow}d$),直至电极表面的 $Fe(CN)_6^{3-}$ 浓度趋近于零,电流在 d 点达到最高峰。然后电流迅速衰减($d{\rightarrow}g$),这是因为电极表面附近溶液中的 $Fe(CN)_6^{3-}$ 几乎全部电解转变为 $Fe(CN)_6^{4-}$ 而耗尽,即所谓的贫乏效应。当电压扫描至−0.15V(f 点)处,虽然已经转向开始阳极化扫描,但这时的电极电位仍相当的负,扩散至电极表面的 $Fe(CN)_6^{3-}$ 仍在不断还原,故仍呈现阴极电流,而不是阳极电流。当电极电位继续正向变化至 $Fe(CN)_6^{4-}$ 的析出电位时,聚集在电极表面附近的还原产物 $Fe(CN)_6^{4-}$ 被氧化,其反应为:

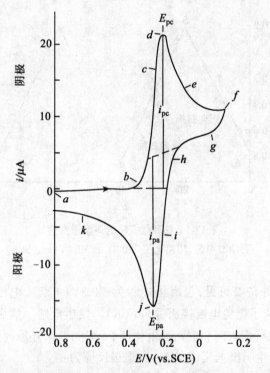

图 17-2　$6×10^{-3}$mol/L $K_3Fe(CN)_6$ 在 1mol/LKNO$_3$ 溶液中的循环伏安图

扫描速度:50mV/s　铂电极面积:2.54mm^2

$$Fe^{II}(CN)_6^{4-} - e^- \longrightarrow Fe^{III}(CN)_6^{3-}$$

这时产生阳极电流($i \to k$)。阳极电流随着扫描电位正移迅速增加,当电极表面的 $Fe(CN)_6^{4-}$ 浓度趋近于零时,阳极化电流达到峰值(j)。扫描电位继续正移,电极表面附近的 $Fe(CN)_6^{4-}$ 耗尽,阳极电流衰减至最小(k 点)。当电位扫至+0.8V 时,完成第一次循环,获得了循环伏安图。

简而言之,在正向扫描(电位变负)时,$Fe(CN)_6^{3-}$ 在电极上还原产生阴极电流,指示电极表面附近其浓度变化的信息。在反向扫描(电位变正)时,产生的 $Fe(CN)_6^{4-}$ 重新氧化产生阳极电流,指示它是否存在和变化。因此,CV 能迅速提供电活性物质电极反应过程的可逆性、化学反应过程、电极表面吸附等许多信息。

循环伏安图中可得到的几个重要参数是:阳极峰电流(i_{pa}),阴极峰电流(i_{pc}),阳极峰电位(E_{pa})和阴极峰电位(E_{pc})。测量确定 i_p 的方法是:沿基线作切线外推至峰下,从峰顶作垂线至切线,其间高度即为 i_p(见图 17-2)。E_p 可直接从横轴与峰顶对应处读取。

对可逆氧化还原电对的式量电位 $E^{0'}$ 与 E_{pa} 和 E_{pc} 的关系可表示为:

$$E^{0'} = \frac{E_{pa} - E_{pc}}{2} \tag{17-1}$$

而两峰之间的电位差值为:

$$\Delta E_p = E_{pa} - E_{pc} \approx \frac{0.056}{n} \tag{17-2}$$

对于铁氰化钾电对,其反应为单电子过程,ΔE_p 是多少? 从实验求出来与理论值比较。

对可逆体系的正向峰电流,由 Randles-Savcik 方程可表示为:

$$i_p = 2.69 \times 10^5 n^{3/2} A D^{1/2} v^{1/2} c \tag{17-3}$$

式中,i_p 为峰电流(A);n 为电子转移数;A 为电极面积(cm^2);D 为扩散系数(cm^2/s);v 为扫描速度(V/s);c 为浓度(mol/L)。

根据上式,i_p 与 $v^{1/2}$ 和 c 都是直线关系,对研究电极反应过程具有重要意义。在可逆电极反应过程中有:

$$\frac{i_{pa}}{i_{pc}} \approx 1 \tag{17-4}$$

对一个简单的电极反应过程,(17-2)式和(17-4)式是判别电极反应是否可逆体系的重要依据。

三、仪器和试剂

1. CHI660A 伏安仪,三电极系统(工作电极,辅助电极,参比电极)
2. 铁氰化钾标准溶液(5.0×10^{-2}mol/L)
3. 氯化钾溶液(1.0mol/L)

四、实验步骤

1. 铁氰化钾试液的配制

准确移取 0,0.25,0.50,1.0,2.0mL 2.0×10^{-2}mol/L 的铁氰化钾标准溶液分别置于 10mL 的小烧杯中,加入 1.0 mol/L 的氯化钾溶液 1.0mL,再加蒸馏水稀释至 10mL。

2. 实验步骤

(1)打开 CHI660A 伏安仪和计算机的电源。屏幕显示清晰后,再打开 CHI660A 伏安仪的测量窗口。

(2)测量铁氰化钾试液:置电极系统于 10mL 小烧杯的铁氰化钾试液里。

(3)打开 CHI660A 伏安仪的"setup"下拉菜单,在 Technique 项选择 Cyclic Voltammetry 方法和 Parameters 项内的参数选择,要在指导老师的帮助下进行。

(4)完成上述各项,再仔细检查一遍无误后,点击"▶"进行测量。完成后,命名存储。应该强调的是:每种浓度的试液都要测量扫描速度为 25,50,100,200mV/s 的伏安曲线,共 4 种浓度,至少测量 16 次(铁氰化钾浓度为 0 试液除外)。

五、结果处理

1. 绘制出同一扫描速度下的铁氰化钾浓度(c)同 i_{pa} 与 i_{pc} 的关系曲线图。
2. 绘制出同一铁氰化钾浓度下 i_{pa} 和 i_{pc} 与相应的 $v^{1/2}$ 的关系

曲线图。

六、思考题

1. 铁氰化钾浓度与峰电流 i_p 是什么关系？而峰电流（i_p）与扫描速度（v）又是什么关系？

2. 峰电位（E_p）与半波电位（$E_{1/2}$）和半峰电位（$E_{p/2}$）相互是什么关系？

[分析科学研究中心：王长发]

实验 18　气相色谱填充柱的制备

一、实验目的

1. 了解固定相的制备过程。
2. 掌握气相色谱柱的填充技术和老化方法。

二、仪器和试剂

1. 气相色谱仪
2. 真空泵
3. 天平
4. 变压器
5. 红外灯
6. 微量注射器(10mL)
7. 分液漏斗(100mL)
8. 圆底烧瓶(250mL)
9. 量筒(100mL)
10. 烧杯(500mL)
11. 不锈钢色谱柱(2m×4mL)
12. 固定液(聚乙二醇-1000)
13. 担体(红色 6201 硅藻土担体,60~80 目)
14. 苯、甲苯、盐酸、氢氧化钠、丙酮(都为分析纯)
15. 玻璃棉
16. 纱布

三、实验步骤

1.　担体处理

在粗天平上称取 60~80 目的红色 6201 硅藻土担体 50g 置于 500mL 烧杯中,用自来水漂洗至水不浑浊,倒去上层清水,加入浓盐酸,使其覆盖住担体。于煤气灯上加热至沸腾,保温维持微沸 20~30min(戴上防护眼镜,用玻璃棒轻轻搅动,防止酸液爆沸)。冷却后用自来水洗 3 次,再用 5% 的氢氧化钠溶液浸泡 15min,用自来水洗至中性后,再用蒸馏水洗 3~4 次,倒入瓷盘中,在 100℃左右的烘箱中烘干备用。

2.　固定液的涂渍

将上述处理过的担体过筛(60~80 目),在粗天平上称取 10g 放在 50mL 烧杯中(剩余部分保存于磨口玻璃瓶中);在分析天平上称取 1.50g 聚乙二醇固定液(使担体与固定液的重量比为 100∶15)置于 500mL 烧杯中,加入 100mL 丙酮(加入丙酮的量以能完全浸没 10g 担体颗粒为宜),用玻璃棒搅动,使聚乙二醇完全溶解,制成均匀地丙酮溶液。将制好的 10g 担体均匀地撒入溶液(要保证所有颗粒都在液面以下),在通风柜内,不时用玻璃棒搅动担体(以防止担体结块),使丙酮自行挥发,待丙酮挥发完后,放在红外灯下烘干备用。

3.　色谱柱的装填

取一根 2m 长,内径为 3~4mm 的不锈钢色谱柱,在粗天平上称出空柱重量。先将柱的一端用铜网堵住,(就是将过滤豆浆所用的铜网剪下一小片,卷曲成稍大于色谱柱内径的小球,堵塞在柱子一端,目的是起过滤作用,让气流通过,使固定相颗粒留在柱内。但务必注意,铜网小球不能塞入柱内太深,以便柱子装完后取出)接上安全瓶和真空泵,柱的另一端用橡皮管连接一个小型玻璃漏斗。开动真空泵,将固定相慢慢倒入漏斗,在抽真空的状态下灌进柱子。同时,不断地用一根小木棒轻轻敲打柱子各个部位,使固定相在柱内填充均匀。不断地倒入固定相,反复敲打振动柱子,直至漏斗内固定相颗粒不再下降,表示已经填满。打开安全瓶活塞,关闭真空泵,取下色谱柱,在连接漏斗的那一端贴上标签,并注明"进气口"(习惯上将这一端与色谱仪载气进口连接),取出铜网小球,在柱子两端都堵塞一点玻璃棉。称取其重量,求出并记下固定相的填充量。

4. 色谱柱的老化

将填充好的色谱柱贴有标签的那一端连接到进样管下端的接头上(载气进口),色谱柱的另一端(载气出口)暂时放空(不连接)。打开载气钢瓶的中心阀,调节减压阀使输出压力为 1.5~2.5kg,打开色谱仪载气稳压阀,调节载气(氮气作为载气)流量为 10mL/min。打开色谱仪电源开关,缓慢地将柱温升至 120℃,在此温度下保持8~10h。关掉主机电源,待恒温箱的温度降至室温时,关掉载气,将色谱柱的另一端连接到检测器(比如热导池),老化工作结束。

四、思考题

1. 新填充柱使用前为什么要进行老化?
2. 填充柱老化时,柱子的尾端为什么不能与检测器连接?

[化学实验中心:王忠华]

实验 19　气相色谱定性和色谱柱效的测定

一、实验目的

　　1. 本实验通过利用气相色谱法测定己烷、环己烷、苯、甲苯等的混合试样。

　　2. 学会测定组分的保留时间、保留体积。

　　3. 计算相对保留值、色谱柱的理论塔板数及相邻组分的分离度。

二、实验原理

　　采用强极性的聚乙二醇-1000 为固定相，根据芳烃的可极化性强，聚乙二醇对芳烃的亲和力比对烷烃强的特点，样品中，烷烃都在苯之前洗出。用热导池检测器检定，用已知物对照定性。

三、仪器和试剂

　　1. 气相色谱仪(热导池检测器)

　　2. 15%聚乙二醇-1000 填充柱：柱长 2m，内径 3~4mm。

　　3. 微量注射器(10μL)

　　4. 己烷、环己烷、苯、甲苯(都是分析纯)

　　5. 氮气钢瓶(附减压阀)

四、实验步骤

1. 定性分析

将老化过的色谱柱的入口端(载气进口端)连接到进样器的出口端,色谱柱的另一端连接到热导池检测器。打开氮气钢瓶,调节气相色谱仪上的载气稳压阀,使转子流量计的读数为 15~30mL/min,用肥皂水检漏。打开总电源开关及汽化室、恒温室、检测室电源开关,调节恒温室、检测室、汽化室的温度分别为 80,120,130℃,打开记录仪(或积分仪)电源开关。待各处温度恒定后,打开桥电流开关,调节桥电流为 130mA(不同厂家的色谱仪,所用桥电流有差别)。打开记录仪走纸开关,待基线稳定后,用 10μL 注射器,从色谱仪进样口注入 1~1.4μL 混合试样(由苯、甲苯按 1:2 体积比混合而成)。分别测出空气峰和每个组分峰的保留时间。然后,注入 0.2~0.4μL 纯苯和纯甲苯,同样测出它们的保留时间,对照纯苯、纯甲苯和混合试样中各峰的保留时间,确定出混合试样中苯和甲苯峰。

为了更准确的定性,可将混合试样一分为二,其中一份另加两滴纯苯(或纯甲苯),取 0.2~0.4μL 进色谱分析。同样条件下,取等体积原混合试样进色谱分析,观察所得到的两张色谱图,色谱峰增高者即为苯(或甲苯)。

2. 测定组分保留体积

在气相色谱仪载气出口接上皂膜流速计,用秒表测定色谱柱后载气流速(至少重复测定 3 次)。取混合样 0.2~0.4μL 进色谱分析,用秒表准确测定各组分的保留时间,计算各组分的保留体积。

3. 测定组分相对保留值

取 5~10μL 空气,进色谱分析,用秒表准确测定空气峰保留时间(死时间),然后注入混合试样,测定各组分的调整保留时间。

以苯为标准,求出各组分的相对保留值。

4. 测定色谱柱理论塔板数

测量己烷和甲苯的保留时间和色谱峰半宽度,按公式计算色谱柱的理论塔板数、有效理论塔板数,并进行比较。

5. 测定物质对分离度

根据色谱图,计算出己烷-苯相邻组分的分离度。

五、思考题

1. 色谱定性的依据是什么？主要方法有哪些？
2. 保留值受哪些因素的影响？如何正确测定保留值？

[化学实验中心:王忠华]

实验 20　气相色谱定量分析

一、实验目的

1. 用苯作标准物,测定己烷、环己烷、甲苯的定量校正因子,根据色谱图,用归一法测定混合物中各组分的含量。
2. 用外标法测定混合物中甲苯的含量。
3. 学习定量校正因子的测定和气相色谱常用的定量方法。

二、仪器和试剂

1. 气相色谱仪
2. 热导池检测器
3. 10μL 注射器 3 支
4. 色谱柱:不锈钢色谱柱(长 2m,内径 4mm);
　　　　　 15%聚乙二醇-1000:6201 担体(60~80 目)。
5. 苯、甲苯、己烷、环己烷(都为分析纯)
6. 混合物样品。

三、实验步骤

1. 色谱条件

柱温 80℃,载气为氮气或氢气,流速为 15~20mL/min(柱后),检测器温度 100℃,汽化室温度 120~150℃,桥电流 130mA。

2. 测定相对重量校正因子

在分析天平上,于 5mL 磨口试管中,按重量比大约 2:1 的比例,称取己烷和苯配制二元混合物。待色谱仪基线稳定后,进样分析二元混合物,重复 3~5 次。量取己烷和苯的峰面积,按公式求出己烷对苯的相对重量校正因子。

以此为例,测定并求出环己烷对甲苯的相对重量校正因子。

3. **定量测定各组分的含量**

(1)归一化法。如果被测样品中只含有己烷、环己烷和甲苯,并且三者相对重量校正因子均已求出,即可进被测样品进行色谱分析,按归一化法求出各组分的含量。

(2)外标法。如果被测试样中含有微量苯,预测定其含量,则可以甲苯为溶剂,配制已知浓度的苯标准溶液,用外标法测定试样中苯的含量,具体方法如下:

准确量取 10mL 苯置于 100mL 容量瓶中,用甲苯稀至刻度,摇匀,作为标准储备液(体积百分数,V/V)。

准确分别量取 1,2,3,4,5,6mL 储备液置于 5 个 10mL 容量瓶中,用甲苯稀释定容,摇匀,作为系列标准溶液。

将 6 个标准溶液分别进样,每次 1μL,测量各自的峰高(或峰面积)。以峰高(或峰面积)对苯浓度绘制工作曲线。

取 1μL 被测样品注入色谱分析,重复 3 次,取峰高(或峰面积)平均值,由工作曲线查出被测样品中苯的浓度。

四、思考题

1. 在气相色谱定量分析中,峰面积为什么要用校正因子校正?

2. 试说明归一化法定量分析的适用范围。

[化学实验中心:王忠华]

实验 21　反相液相色谱法分离芳香烃

一、实验目的

1. 学习高效液相色谱的操作。
2. 了解反相液相色谱法分离非极性化合物的基本原理。
3. 掌握用反相色谱法分离芳香烃类化合物的方法。

二、实验原理

高效液相色谱法是一种重要的色谱分离技术。根据所用固定相和分离机理的不同,一般将高效液相色谱法分为分配色谱、吸附色谱、离子交换色谱和空间排斥色谱等。

在分配色谱中,组分在色谱柱上的保留程度取决于它们在固定相和流动相之间的分配系数 K:

$$K = \frac{\text{组分在固定相中的浓度}}{\text{组分在流动相中的浓度}}$$

显然,K 值越大,组分在固定相上的保留时间越长,固定相与流动相之间的极性差值也越大。因此,出现了流动相为非极性而固定相为极性物质的正相色谱法和流动相为极性而固定相为非极性的反相色谱法。目前应用最广的固定相是通过化学反应的方法将固定液键合到硅胶表面上,即所谓的键合固定相。若将正构烷烃等非极性物质(如 $n\text{-}C_{18}$ 烷)键合到硅胶基质上,以极性溶剂(如甲醇和水)为流动相,则可分离非极性或弱极性的化合物。据此,采用反相液相色谱法可分离烷基苯类化合物。

三、仪器和试剂

1. 高效液相色谱仪,紫外(254nm)检测器
2. 色谱柱 C_{18} 柱(250mm×4mm)
3. 流动相 80%甲醇+20%水(使用前应用超声波脱气)
4. 注射器(25μL)
5. 苯、甲苯、n-丙基苯、n-丁基苯(均为分析纯)
6. 未知样品

四、实验步骤

1. 以流动相为溶剂,配制苯、甲苯、n-丙基苯、n-丁基苯的标准溶液,浓度均为 10mg/mL。
2. 在老师的指导下开启液相色谱仪,设定操作条件。
3. 待仪器稳定后,分别用注射器进苯、甲苯、n-丙基苯、n-丁基苯各 5μL,进样的同时,要做好记录保留时间和保留距离的准备。
4. 进未知样 20μL,记下各组分色谱峰的保留时间。
5. 以标准物的保留时间为基准,给未知样品各组分定性。
6. 根据标准物的峰面积,估算未知样品中相应组分的含量。

五、思考题

1. 解释未知试样中各组分的洗脱顺序。
2. 试说明苯甲酸在本实验的色谱柱上是强保留还是弱保留?为什么?

[化学实验中心:王忠华]

实验 22　高效液相色谱法测定
饮料中的咖啡因含量

一、实验目的

1. 通过用高效液相色谱法测定饮料中的咖啡因。

2. 掌握采用高效液相色谱法进行定性和定量分析的基本方法。

二、实验原理

用反相液相色谱法将饮料中的咖啡因与其他组分(如单宁酸、蔗糖等)分离后,将已知不同浓度的咖啡因标准系列溶液等体积注入恒定的色谱系统,测定它们的保留时间并计算出各自的峰面积。采用工作曲线法测定饮料中咖啡因含量。

三、仪器和试剂

1. 高效液相色谱仪,UV (254nm)检测器

2. 色谱柱 ODS 柱(250mm×4mm)

3. 超声波发生器

4. 注射器(25μL)

5. 容量瓶(100mL,10mL,若干)

6. 移液管

7. 咖啡因标准试剂

8. 流动相:20%甲醇 + 80%二次蒸馏水,制备前,先调节二次水的 pH ≈ 3.5。

流动相使用前先用超声波振荡脱气 10min。

9. 待测饮料试液:取待测饮料 2mL 于 10mL 容量瓶中,用已配好的流动相稀释至刻度备用。

四、实验步骤

1. 配制标准溶液:准确称取 25mg 咖啡因标准试剂置于 100mL 容量瓶中,用已配好的流动相溶解并稀释至刻度作为标准储备液。

用移液管分别量取 1,2,3,4,5mL 标准储备液置于 5 个容积为 10mL 的容量瓶中,用已配好的流动相稀释至刻度作为系列标准溶液。

2. 在老师的指导下开启液相色谱仪,设定操作条件。

3. 待仪器稳定后,按标准溶液浓度递增的顺序,由稀到浓依次等体积进样 5μL(每个标样重复进样 3 次),准确记录各自的保留时间。

4. 同样取 5μL 待测饮料试液进色谱分析(重复 3 次),准确记录各个组分的保留时间。

5. 根据标准物的保留时间确定饮料中的咖啡因组分峰。

6. 计算系列咖啡因标准物和待测咖啡因的峰面积(3 次平均值)。

7. 以标准物的峰面积对相应浓度作工作曲线。

8. 从工作曲线上求得饮料中咖啡因的浓度。

五、问题讨论

1. 解释用反相柱(ODS)测定咖啡因的理论基础。

2. 能否用离子交换色谱柱测定咖啡因?为什么?

[化学实验中心:王忠华]

实验 23　毛细管区带电泳（CZE）分离 硝基苯酚异构体

一、实验目的

1. 了解 CZE 分离的基本原理。
2. 了解毛细管电泳仪的基本构造，掌握其基本操作技术。
3. 学会计算 CZE 的重要参数。
4. 运用 CZE 分离硝基苯酚异构体。

二、实验原理

　　毛细管电泳指以毛细管为通道、以高压直流电场为驱动力的一类液相分离分析技术。毛细管区带电泳是最常用的一种毛细管电泳分离模式，它是根据被分离物质在毛细管中的迁移速度不同进行分离的。毛细管电泳分离分析装置如图 23-1 所示。

　　被分离物质在毛细管中的迁移速度取决于电渗淌度和该物质自身的电泳淌度。一定介质中的带电离子在直流电场作用下的定向运动称为电泳。单位电场下的电泳速度称为电泳淌度或电泳迁移率。电泳速度的大小与电场强度、介质特性、粒子的有效电荷及其大小和形状有关。电渗是伴随电泳而产生的一种电动现象。就毛细管区带电泳而言，电渗是指毛细管中电解质溶液在外加直流电场作用下的整体定向移动。电渗起因于固液界面形成的双电层。用熔融石英拉制成的毛细管，其内壁表面存在呈弱酸性的硅羟基，当毛细管中存在一定 pH 值的缓冲溶液时，硅羟基发生电离，在毛细管内壁形成带负电的"定域电荷"。根据电中性的要

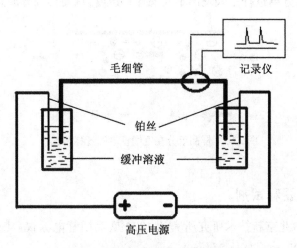

图 23-1　毛细管电泳分离分析装置

求,"定域电荷"吸引缓冲溶液中的反号离子(阳离子)形成双电层。在直流电场作用下双电层中的水合阳离子向负极迁移,并通过碰撞等作用给溶剂施加单向推力,使之同向运动,形成电渗。单位电场下的电渗速度称为电渗淌度。电渗速度与毛细管中电解质溶液的介电常数和粘度、双电层的 ζ 电势以及外加直流电场强度有关。若同时含有阳离子、阴离子和中性分子组分的样品溶液从正极端引入毛细管后,在外加直流电场作用下,样品组分在毛细管中的迁移情况如图 23-2 所示。样品中阳离子组分的电泳方向与电渗一致,因此迁移速度最快,最先到达检测窗口。中性组分电泳速度为零,它将随电渗而行。阴离子组分因其电泳方向与电渗相反,当电渗速度大于电泳速度时,它将在中性组分之后到达检测窗口;若其电泳速度大于电渗速度,则无法到达检测窗口。由此可见,毛细管电泳分离的出峰顺序是:阳离子 > 中性分子 > 阴离子。

　　硝基苯酚是弱酸性物质,其邻、间、对位异构体由于 pK_a 值不同,在一定 pH 值的缓冲溶液中电离程度不同。因此,它们在毛细管电泳分离过程中表现出不同的迁移速度,从而实现分离。

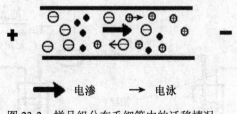

图 23-2　样品组分在毛细管中的迁移情况

三、仪器和试剂

1. 北京新技术研究所宾达 1229 型毛细管电泳仪(工作电压 0～30kV,检测波长 254nm)

2. 四川仪表四厂 3066 型记录仪

3. 石英毛细管(内径 75μm,长度 50～60cm)

4. 20 mmol/L 的磷酸二氢钾溶液用磷酸调整至 pH 7.0。取 95mL 该缓冲溶液加入 5.0mL 甲醇,混合后作为背景电解质溶液。过滤、超声波脱气后使用。

5. 氢氧化钠溶液(1mol/L),盐酸溶液(0.1 mol/L),二次蒸馏水。

6. 邻硝基苯酚、间硝基苯酚、对硝基苯酚的甲醇溶液(约 0.2 mg/ml),及其混合溶液。硫脲水溶液。各样品溶液超声波脱气后使用。

四、实验步骤

1. 打开毛细管电泳仪,预热至检测器输出信号稳定。

2. 准确测量毛细管长度。距毛细管一端约 15 cm 处去除约 2mm 的毛细管聚合物保护层,作为检测窗口,并测量毛细管进样端到检测窗的长度。

3. 将毛细管的检测窗口对准检测器光路,并安装好毛细管。

4. 依次用氢氧化钠溶液（1mol/L）、二次蒸馏水、盐酸溶液（0.1 mol/L）、二次蒸馏水冲洗毛细管各 5min,最后在毛细管注入缓冲溶液,并将毛细管的两端分别插入位于电极处的缓冲溶液瓶中。将直流电压调至 20kV。

5. 待记录仪基线稳定后,关闭高压电源,用压力进样方式进样。进样后重新打开高压电源,同时按下秒表记录时间,待样品峰出现后记录其迁移时间。混合样按同样的步骤进行操作,并记录分离图。

6. 改变外加电压(如 15kV 或 25kV)重复步骤 4,5。

7. 实验完毕后,关闭仪器电源,并用二次蒸馏水冲洗毛细管。

五、结果处理

1. 根据所得到的实验数据,计算电渗速度、电渗淌度、各组分的电泳淌度、间硝基苯酚的理论塔板数。根据分离图计算各组分之间的分离度。

2. 绘制外加电压与电渗速度的关系图,并给予解释。

六、思考题

1. 为什么本实验要采用 pH 为 7 左右的缓冲溶液分离硝基苯酚异构体? 用 pH 为 2 的缓冲溶液可以吗?

2. 若要得到流向正极的电渗流,应采取哪些措施?

参考文献

1. 陈义编著.毛细管电泳技术及应用.化学工业出版社,2000

2. 傅若农编著.色谱分析概论.化学工业出版社,2000

[分析科学研究中心:冯钰锜　施治国]

实验 24　气相色谱-质谱联用(GC-MS)

一、实验目的

1.了解质谱检测器的基本组成及功能原理,学习质谱检测器的调谐方法。

2.了解色谱工作站的基本功能,掌握利用气相色谱-质谱联用仪进行定性分析的基本操作。

二、实验原理

气相色谱法(gas chromatography, GC)是一种应用非常广泛的分离手段,它是以惰性气体作为流动相的柱色谱法,其分离原理是基于样品中的组分在两相间分配上的差异。气相色谱法虽然可以将复杂混合物中的各个组分分离开,但其定性能力较差,通常只是利用组分的保留特性来定性,这在欲定性的组分完全未知或无法获得组分的标准样品时,对组分定性分析就十分困难了。随着质谱(mass spectrometry, MS)、红外光谱及核磁共振等定性分析手段的发展,目前主要采用在线的联用技术,即将色谱法与其他定性或结构分析手段直接联机,来解决色谱定性困难的问题。气相色谱-质谱联用(GC-MS)是最早实现商品化的色谱联用仪器。目前,小型台式 GC-MS 已成为很多实验室的常规配置。

1.质谱仪的基本结构和功能

质谱系统一般由真空系统、进样系统、离子源、质量分析器、检测器和计算机控制与数据处理系统(工作站)等部分组成。

质谱仪的离子源、质量分析器和检测器必须在高真空状态下工作,以减少本底的干扰,避免发生不必要的分子-离子反应。质谱仪的高真空系统一般由机械泵和扩散泵或涡轮分子泵串联组成。机械泵作为前级泵将真空抽到 $10^{-1} \sim 10^{-2}$ Pa,然后由扩散泵或涡轮分子泵将真空度降至质谱仪工作需要的真空度 $10^{-4} \sim 10^{-5}$ Pa。虽然涡轮分子泵可在十几分钟内将真空度降至工作范围,但一般仍然需要继续平衡 2h 左右,充分排除真空体系内存在的诸如水分、空气等杂质以保证仪器工作正常。

气相色谱-质谱联用仪的进样系统由接口和气相色谱组成。接口的作用是使经气相色谱分离出的各组分依次进入质谱仪的离子源。接口一般应满足如下要求:① 不破坏离子源的高真空,也不影响色谱分离的柱效;② 使色谱分离后的组分尽可能多地进入离子源,流动相尽可能少地进入离子源;③ 不改变色谱分离后各组分的组成和结构。

离子源的作用是将被分析的样品分子电离成带电的离子,并使这些离子在离子光学系统的作用下,汇聚成有一定几何形状和一定能量的离子束,然后进入质量分析器被分离。其性能直接影响质谱仪的灵敏度和分辨率。离子源的选择主要依据被分析物的热稳定性和电离的难易程度,以期得到分子离子峰。电子轰击电离源(EI)是气相色谱-质谱联用仪中最为常见的电离源,它要求被分析物能汽化且汽化时不分解。

质量分析器是质谱仪的核心,它将离子源产生的离子按质荷比(m/z)的不同,在空间位置、时间的先后或轨道的稳定与否进行分离,以得到按质荷比大小顺序排列的质谱图。以四极质量分析器(四极杆滤质器)为质量分析器的质谱仪称为四极杆质谱。它具有重量轻、体积小、造价低的特点,是目前台式气相色谱-质谱联用仪中最常用的质量分析器。

检测器的作用是将来自质量分析器的离子束进行放大并进行检测,电子倍增检测器是色谱-质谱联用仪中最常用的检测器。

　　计算机控制与数据处理系统(工作站)的功能是快速准确地采集和处理数据;监控质谱及色谱各单元的工作状态;对化合物进行自动的定性定量分析;按用户要求自动生成分析报告。

　　标准质谱图是在标准电离条件——70 eV 电子束轰击已知纯有机化合物得到的质谱图。在气相色谱-质谱联用仪中,进行组分定性的常用方法是标准谱库检索。即利用计算机将待分析组分(纯化合物)的质谱图与计算机内保存的已知化合物的标准质谱图按一定程序进行比较,将匹配度(相似度)最高的若干个化合物的名称、分子量、分子式、识别代号及匹配率等数据列出供用户参考。值得注意的是,匹配率最高的并不一定是最终确定的分析结果。目前比较常用的通用质谱谱库包括美国国家科学技术研究所的 NIST 库、NIST/EPA(美国环保局)库/NIH(美国卫生研究院)库和 Wiley 库,这些谱库收录的标准质谱图均在 10 万张以上。

　　2.质谱仪的调谐

　　为了得到好的质谱数据,在进行样品分析前应对质谱仪的参数进行优化,这个过程就是质谱仪的调谐。调谐中将设定离子源部件的电压;设定 amu gain 值和 amu off 值以得到正确的峰宽;设定电子倍增器(EM)电压保证适当的峰强度;设定质量轴保证正确的质量分配。

　　调谐包括自动调谐和手动调谐两类方式,自动调谐中包括自动调谐、标准谱图调谐、快速调谐等方式。如果分析结果将进行谱库检索,一般先进行自动调谐,然后进行标准谱图调谐以保证谱库检索的可靠性。

三、仪器和试剂

　　1.HP-6890plus 气相色谱

　　2. HP-5973N 质谱

　　3.He 气源(99.999%)

　　4.毛细管色谱柱:HP-5MS（30m×0.32mm×0.25μm）

5.10.0μL 微量进样器

6.甲苯、邻二甲苯和萘的混合物的苯溶液,浓度均为 100ppm。

四、实验步骤

1. 气相色谱质谱联用仪的开启及调谐

(1)检查质谱放空阀门是否关闭;毛细管柱是否接好。

(2)打开 He 钢瓶,调节输出压力为 0.5MPa。

(3)依次启动计算机、HP-6890plus 气相色谱、HP-5973N 质谱的电源。

(4)输入正确的密码后进入计算机桌面。

(5)左键双击桌面上的"化学工作站"图标,输入"用户名"和"密码",进入"化学工作站"。

(6)左键单击"化学工作站"界面中"View",再用左键单击其下拉菜单中的"Diagnostics/Vacuum Control"项,进入"Diagnostics/Vacuum Control(诊断与真空控制)"窗口。

(7)在 Vacuum 的下拉菜单中选择 Pump Down 开始抽真空;同时分别设定离子源和四极杆的温度为 150℃和 230℃。

(8)在 View 的下拉菜单中选择 Manual Tune,进入调谐界面。

(9)在 Tune 的下拉菜单中选择 Autotune,进入自动调谐状态。自动调谐通过后,在 File 的下拉菜单中选择 Save Tune Values,以 Atune.U 为文件名,以 Custom(∗.U) 格式,点击 Open 钮将调谐文件保存在 5973n 的目录下。

(10)在 Tune 的下拉菜单中选择 Standard Spectra Tune,进行标准谱图调谐。调谐完成后,在 File 的下拉菜单中选择 Save Tune Values,以 Stune.U 为文件名,以 Custom(∗.U) 格式,点击 Open 钮将调谐文件保存在 5973n 的目录下。

(11)在 View 的下拉菜单中选择 Instrument Control, 返回仪器控制界面。

2. 方法的输入设定

(1)在 Method 的下拉菜单中选择 Edit Entire Method 进入方法编辑界面。

(2)对 Check Method Section to Edit 和 Method to Run 等界面中的选项都选中并点击 OK 按钮。

(3)在 Inlet and Injection 界面中，Sample 项选择 GC；Injection Source 项选择 Manual；Injection Location 项选择 Front；选中 Use MS，点击 OK 钮确定。

(4)在 Instrument[Edit]界面中，点击 Inlet 图标。在 Mode 栏选择 Split，Gas 栏选择 He，分流比 1：20；选中 Heater ℃，并在 Setpoint 栏中输入汽化室温度数值 250，点击 Apply 钮确定输入的参数。

(5)单击 Columns 图标，在 Mode 栏选择 Const Flow，Inlet 栏选择 Front，Detector 栏选择 MSD，Outlet Psi 栏选择 Vacuum，Flow 栏输入 1.1mL/min。单击 Apply 确定输入的参数。

(6)单击 Oven 图标，选中 On，将程序升温条件按下表输入：

Oven Ramp	℃/min	Next ℃	Hold min
Initial		80	1.00
Ramp1	10.00	180	5.00
Ramp2	0		

单击 Apply 确定输入的参数。

(7)单击 Detector 图标，关闭所有 GC 检测器及气体，单击 Apply 确定。

(8)单击 Aux 图标,在 Heater 栏选中 On, Type 栏选中 MSD,温度按下表设置。

Ramps	℃/min	Next ℃	Hold min
Initial		280	0.00
Ramp1	0.00		

单击 Apply 确定输入的参数。

(9)单击 OK,出现 GC Real Time Plot 界面,直接点击 OK。

(10)出现 MS Tune File 界面,选择 Stune.U 作为调谐文件,单击 OK。

(11)出现 MS SIM/Scan Parameters 界面,在 EM Voltage 栏输入 0,Solvent Delay 栏输入 3.2(min),在 Acq. Mode 栏选择 Scan,单击 OK。

(12)出现 Select Reports 界面,选中 Percent Report,单击 OK。

(13)出现 Percent Report Options 界面,选中 Screen,设定为屏幕输出方式,单击 OK。

(14)出现 Save Method As 界面,输入本方法的名称为 Test.M,单击 OK 以保存方法。

3. 数据的采集

(1)在 Instrument Control 界面中,单击绿箭头图标,出现 Acquisition-Sample Information 界面,分别输入 Operator Name、Data File Name(文件名)、Sample Name 等栏的内容,单击 Start Run,稍后出现进样的提示框。

(2)用微量进样器进 1.0μL 甲苯、邻二甲苯和萘的混合溶液,按下 GC 键盘上的 Start 键开始。

（3）出现"Override solvent delay ?"的提示时，单击 No 或不作任何选择。

（4）双击桌面上的 Data Analysis 图标，进入数据分析界面，在 Files 菜单中选择 Take Snapshot（快照）可得到截至快照时刻的所有数据。

4. 数据分析

（1）数据采集结束后，在 Data Analysis 界面中选择 File/Load File，打开得到的谱图。

（2）在不同的谱峰上双击右键，可得到各峰的定性结果和结构式。

（3）选择 Chromatography 中的 Integrate，对谱图积分。也可在调整了积分事件中的有关参数的设置后再积分。

（4）选择 Spectrum 中的 Select Library，出现 Library Search Parameter 界面。在 Library Name 栏中输入 Nist98.L，单击 OK，确定进行用来检索的标准谱库。

（5）选择 Spectrum 中的 Library Search Report，出现 Library Search Report Options 界面，在 Style 栏选择 Summary，在 Destination 栏选择 Screen 或 Printer 可在屏幕上显示或大于检索结果报告。

五、思考题

1. 说明质谱检测器的基本组成及功能。
2. 分析质谱检测器调谐的目的。

[分析科学研究中心：邢　钧]

实验 25　X 射线衍射分析

一、实验目的

1.了解 X 射线衍射的应用范围。

2. 熟悉 XRD-6000 型 X 射线衍射的操作。

二、实验原理

X 射线衍射(X-ray diffraction),简写为 XRD。

任何一种结晶态物质都具有特定的晶体结构和晶胞参数。在已知波长 X 射线的辐射下,X 光在物质的某晶面上产生衍射,并得到衍射曲线(横坐标为 2θ, 单位:°;纵坐标为强度,单位:原子单位 a.u.)。根据布拉格(W. L. Bragg)方程 $\lambda_{\text{X-ray}} = 2d\sin\theta$ (θ 为半衍射角或布拉格角,单位:°)就可以计算出该物质的晶面距离 d 值(单位:Å)。(铜靶 $K\alpha_1$ 波长为 1.540 56Å)衍射线的绝对强度(I)和相对强度(I/I_0 or I/I_1)同时给出。由于目前的仪器配有计算机操作系统,计算机可以根据衍射曲线进行数据处理,直接给出 d, I 值。

非晶态的物质(或结晶度很低的物质)在已知波长 X 射线的辐射下,同样可以产生衍射,但得到的衍射曲线为一个或几个很宽的衍射峰。

三、XRD 的使用范围

1.物相分析

2.晶态分析

3.结晶度

4.颗粒大小

四、仪器

仪器：

日本岛津（Shimadzu）公司 XRD-6000 型 X 射线衍射仪（X-ray diffractometer），带计算机操作系统。

五、实验步骤

1. 打开冷却循环水和主机的电源开关，让冷却水循环并保持恒定温度。

2. 样品及处理。

样品类型：粉末、膜、薄片状样品。

粉末样品的处理：用玛瑙研钵将粉末样品研磨至 300～400 目（325 目相当于 45μm）。

3. 装样：将研磨好的样品放入样品架，并压紧，样品表面与样品架表面尽可能保持在同一平面。

4. 将装有样品的样品架放入到主机中计角器的样品座上（样品向上）。样品架不能偏离样品座。关好主机的门。

5. 打开计算机中 XRD 使用程序主菜单。

（1）单击 Display & Setup 窗口，选择 Right Calib 中的 Theta-2Theta，仪器自动调零；

（2）单击主菜单中的 Right Gonio Condition 和 Right Gonio Analysis 两个窗口；

（3）双击 Right Gonio Condition 窗口上框中的蓝条，编辑测试条件；测试条件见表 25-1；

（4）输入文件名和样品名后，按 Append 添加到下框，点击 Start 添加至 Right Gonio Analysis 窗口中；

（5）点击样品名,点击 Start,在 Stop 前小方框内打"√",测试开始。

表 25-1　　　　　　　　**样品测试条件**

	冷却循环水温度	20℃
X-ray tube	Target	Cu
	Voltage	40 kV
	Current	30 mA
Slits	Divergence Slit	1.000 00°
	Scatter Slit	1.000 00°
	Receiving Slit	0.300 0 mm
Scanning	Drive Axis	Theta-2Theta
	Scan Range	自选
	Scan Mode	Continuous Scan
	Scan Speed	4.000 0°/min
	Sampling Pitch	0.020 0°
	Preset Time	0.30 s
	Profile Display Scale	Auto Scale / Counts

六、数据处理

打开主菜单中的 Basic Process 窗口,依次选择 File→Open→Standard→样品名文件→Go 后得到的图为处理过的衍射图。

之后,在该窗口中选择 Data 栏并点击,在点击 Peak Information→ Information 即可以得到 d,I 等数据,结合相关的信息,即可对物质的结构和组成进行确认。

对于已知物可以结合已知物的衍射卡（衍射卡可从主菜单中

PCPDF Utitily 窗口进行查找)进行数据处理。

对于未知物,还需要结合其他 XRD 的程序进行分析。

请你根据自己的实验数据,参考对应的已知物的衍射卡,自制一张衍射卡。

七、思考题

1.查阅相关文献,了解根据 XRD 图计算样品颗粒大小公式的使用条件。

2.X 射线衍射分析可以用来解决哪些实际问题?

[无机化学研究所:袁良杰]

实验 26　热重-差热分析联用法研究 CuSO₄·5H₂O 的脱水过程

一、实验目的

1. 熟悉热重和差热分析法的基本原理。
2. 掌握热重-差热分析联用的实验方法和数据处理方法。
3. 了解 $CuSO_4 \cdot 5H_2O$ 的脱水机理。

二、方法原理

热分析是一种非常重要的分析方法。它是在程序控制温度下,测量物质的物理性质与温度关系的一种技术。

热分析主要用于研究物理变化(晶型转变、熔融、升华和吸附等)和化学变化(脱水、分解、氧化和还原等)。热分析不仅提供热力学参数,而且还可以给出有一定参考价值的动力学数据。热分析在固态科学的研究中被大量而广泛地采用,诸如研究固相反应、热分解和相变以及测定相图等。许多固体材料都有这样或那样的"热活性",因此热分析是一种很重要的研究手段。

本实验用 TG-DTA 联用技术来研究 $CuSO_4 \cdot 5H_2O$ 的脱水过程。

1.热重法(TG)

热重法(thermogravimetry, TG)是在程序控温下,测量物质的质量与温度或时间的关系的方法,通常是测量试样的质量变化与温度的关系。

a. 热重曲线

由热重法记录的重量变化对温度的关系曲线称热重曲线（TG曲线）。曲线的纵坐标为质量，横坐标为温度（或时间）。例如固体的热分解反应为：

$$A（固）\longrightarrow B（固）+C（气）$$

其热重曲线如图 26-1 所示。

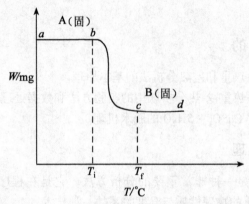

图 26-1　固体热分解反应的典型热重曲线

图中 T_i 为起始温度，即试样质量变化或标准物质表观质量变化的起始温度；T_f 为终止温度，即试样质量或标准物质的质量不再变化的温度；$T_i \sim T_f$ 为反应区间，即起始温度与终止温度的温度间隔。TG 曲线上质量基本不变动的部分称为平台，如图 26-1 中的 ab 和 cd。从热重曲线可得到试样组成、热稳定性、热分解温度、热分解产物和热分解动力学等有关数据。同时还可获得试样质量变化率与温度或时间的关系曲线，即微商热重曲线。

当温度升至 T_i 才产生失重。失重量为 $W_0 - W_1$，其失重率（百分分数）为：

$$\frac{W_0 - W_1}{W_0} \times 100\%$$

式中,W_0 为试样重量;W_1 为失重后试样的重量。反应终点的温度为 T_f,在 T_f 形成稳定相。若为多步失重,将会出现多个平台。根据热重曲线上各步失重量可以简便地计算出各步的失重分数,从而判断试样的热分解机理和各步的分解产物。需要注意的是,如果一个试样有多步反应,在计算各步失重率时,都是以 W_0,即试样原始重量为基础的。

从热重曲线可看出热稳定性温度区、反应区、反应所产生的中间体和最终产物。该曲线也适合于化学量的计算。

在热重曲线中,水平部分表示重量是恒定的,曲线斜率发生变化的部分表示重量的变化,因此从热重曲线可求算出微商热重曲线。事实上新型的热重分析仪都有计算机处理数据,通过计算机软件,从 TG 曲线可得到微商热重曲线。

微商热重曲线(DTG 曲线)表示重量随时间的变化率(dW/dt),它是温度或时间的函数:

$$dW/dt = f(T \text{ 或 } t)$$

DTG 曲线的峰顶 $d^2W/dt^2 = 0$,即失重速率的最大值。DTG 曲线上峰的数目和 TG 曲线的台阶数相等,峰面积与失重量成正比。因此,可从 DTG 的峰面积算出失重量和百分率。

在热重法中,DTG 曲线比 TG 曲线更有用,因为它与 DTA 曲线相类似,可在相同的温度范围内进行对比和分析,从而得到有价值的信息。

实际测定的 TG 和 DTG 曲线与实验条件,如加热速率、气氛、试样重量、试样纯度和试样粒度等密切相关。最主要的是精确测定 TG 曲线开始偏离水平时的温度即反应开始的温度。总之,TG 曲线的形状和正确的解释取决于恒定的实验条件。

b.热重曲线的影响因素

为了获得精确的实验结果,分析各种因素对 TG 曲线的影响是很重要的。影响 TG 曲线的主要因素基本上包括:① 仪器因素——浮力、试样盘、挥发物的冷凝等;② 实验条件——升温速率、气氛等;③ 试样的影响——试样质量、粒度等。

2. 差热分析(DTA)

差热分析(differential thermal analysis, DTA)是在程序控制温度下,测量物质和参比物的温度差与温度关系的一种方法。当试样发生任何物理或化学变化时,所释放或吸收的热量使试样温度高于或低于参比物的温度,从而相应地在差热曲线上可得到放热或吸热峰。差热曲线(DTA曲线)是由差热分析得到的记录曲线,曲线的横坐标为温度,纵坐标为试样与参比物的温度差(ΔT),向上表示放热,向下表示吸热。差热分析也可测定试样的热容变化,它在差热曲线上反映出基线的偏离。

a. 差热分析的基本原理

图 26-2 示出了差热分析的原理图。图中两对热电偶反向联结,构成差示热电偶。S 为试样,R 为参比物。在电表 T 处测得的为试样温度 T_S;在电表 ΔT 处测得的即为试样温度 T_S 和参比物温度 T_R 之差 ΔT。所谓参比物即一种热容与试样相近而在所研究的温度范围内没有相变的物质,通常使用的是 $\alpha\text{-}Al_2O_3$,熔石英粉等。

如果同时记录 $\Delta T\text{-}t$ 和 $T\text{-}t$ 曲线,可以看出曲线的特征和两种曲线相互之间的关系,如图 26-3 所示。在差热分析过程中,试样和参比物处于相同

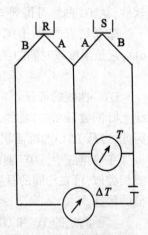

图 26-2　差热分析原理图

受热状况。如果试样在加热(或冷却)过程中没有任何相变发生,则 $T_S = T_R$,$\Delta T = 0$,这种情况下两对热电偶的热电势大小相等;由于反向联结,热电势互相抵消,差示热电偶无电势输出,所以得到的差热曲线是一条水平直线,常称为基线。由于炉温是等速升高的,所以 $T\text{-}t$ 曲线为一平滑直线,如图26-3a所示。过程中当试样有

某种变化发生时,$T_S \neq T_R$,差示热电偶就会有电势输出,差热曲线就会偏离基线,直至变化结束,差热曲线重新回到基线。这样,差热曲线上就会形成峰。图 26-3b 为有一吸热反应的过程。该过程的吸热峰开始于 1,结束于 2。$T\text{-}t$ 与 $\Delta T\text{-}t$ 曲线的关系,图中已用虚线联系起来。图 26-3c 为有一放热反应的过程。有一放热峰,$T\text{-}t$ 与 $\Delta T\text{-}t$ 曲线的关系同样用虚线联系起来。

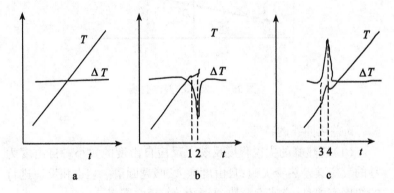

图 26-3　差热曲线类型及其与热分析曲线间的关系

图 26-3 中的曲线均属理想状态,实际记录的曲线往往与它有差异。例如,过程结束后曲线一般回不到原来的基线,这是因为反应产物的比热、热导率等与原始试样不同的缘故。此外,由于实际反应起始和终止往往不是在同一温度,而是在某个温度范围内进行,这就使得差热曲线的各个转折都变得圆滑起来。

图 26-4 为一个实际的放热峰。反应起始点为 A,温度为 T_i;B 为峰顶,温度为 T_m,主要反应结束于此,但反应全部终止实际是 C,温度为 T_f。自峰顶向基线方向作垂直线,与 AC 交于 D 点,BD 为峰高,表示试样与参比物之间最大温差。在峰的前坡(图中 AB 段),取斜率最大一点向基线方向作切线与基线延长线交于 E 点,称为外延起始点,E 点的温度称为外延起始点温度,以 T_{eo} 表示。

ABC 所包围的面积称为峰面积。

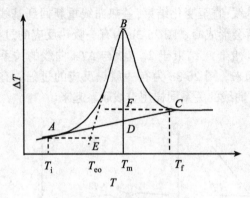

图 26-4　实际的差热曲线

b.差热曲线的特性

(1)差热峰的尖锐程度反映了反应自由度的大小。自由度为零的反应其差热峰尖锐;自由度愈大,峰越圆滑。它也和反应进行的快慢有关,反应速度愈快,峰愈尖锐,反之圆滑。

(2)差热峰包围的面积和反应热有函数关系。也和试样中反应物的含量有函数关系。据此可进行定量分析。

(3)两种或多种不相互反应的物质的混合物,其差热曲线为各自差热曲线的叠加。利用这一特点可以进行定性分析。

(4)A 点温度 T_i 受仪器灵敏度影响,仪器灵敏度越高,在升温差热曲线上测得的值低且接近于实际值;反之 T_i 值越高。

(5)T_m 并无确切的物理意义。体系自由度为零及试样热导率甚大的情况下,T_m 非常接近反应终止温度。对其他情况来说,T_m 并不是反应终止温度。反应终止温度实际上在 BC 线上某一点。自由度大于零,热导率甚大时,终止点接近于 C 点。T_m 受实验条件影响很大,作鉴定物质的特征温度不理想。在实验条件相同时可用来作相对比较。

(6)T_f 很难授以确切的物理意义,只是表明经过一次反应之后,温度到达 T_f 时曲线又回到基线。

(7) T_{eo} 受实验影响较小,重复性好,与其他方法测得的起始温度一致。国际热分析协会推荐用 T_{eo} 来表示反应起始温度。

(8)差热曲线可以指出相变的发生、相变的温度以及估算相变热,但不能说明相变的种类。在记录加热曲线以后,随即记录冷却曲线,将两曲线进行对比可以判别可逆的和非可逆的过程。这是因为可逆反应无论在加热曲线还是冷却曲线上均能反映出相应的峰,而非可逆反应常常只能在加热曲线上表现而在随后的冷却曲线上却不会再现。

差热曲线的温度需要用已知相变点温度的标准物质来标定。

c.影响差热曲线的因素

影响差热曲线的因素比较多,其中主要的有:①仪器方面的因素。包括加热炉的形状和尺寸、坩埚大小、热电偶位置等。②实验条件。升温速率、气氛等。③试样的影响。试样用量、粒度等。

3. TG-DTA 联用

热重法不容易表明反应开始和终了的温度,也不容易指明有一系列中间产物存在的过程,更不能指示无质量变化的热效应。而 DTA 可以解决以上问题,但不能指示质量变化。为了相互补充,取长补短,近年来出现了将 TG-DTA 集成在同一台仪器上进行同步记录。这样,热效应发生的温度和质量变化就可同时记录下来。

三、仪器装置和样品

1. Setsys TG-DTA/ DSC-1600 热分析装置 1 台(SETARAM)

2. $CuSO_4 \cdot 5H_2O$(A.R.)

四、实验步骤

1. 开机

(1)依次开计算机和热分析主机。

（2）打开气瓶的阀门,调节压力（氮气:0.15MPa;氩气:0.2MPa）。

（3）打开冷却水龙头,水的流速在主机 LED 显示。LED 的显示在低温和中温下不得低于 4 格（由下到上 4 个绿灯）,在高温下显示不得低于 5 格。否则会亮红灯而自动停止加热。

2. 微机操作

a.调出程序

● 鼠标双击"Collection"图标,屏幕出现"Collection"的画面。

● 左键点击"Display",出现下拉菜单。

● 分别左点"Real-Time Drawing"和"Direct Gramming",则出现相应画面,再分别最小化。

b.运行试验

（1）确定试验装置。

● 左键点击"Experiment / Data Collection",出现 Selection（选择）画面。在"Device"（设备）一栏中要选择"Setsys-1750";在"Measurement rod"（测量杆）一栏中选择"TG-DTA 1500℃ rod";在"Collection Type"（采集类型）一栏中就选"Standard Collection"（标准采集）。

（2）编制试验程序。

● 左键点击"OK"（确定）后,出现"Sequences-Setsys-1750-TG-DTA 1500℃ rod"画面;

● 按预定的温度程序编制 1,2,3 等程序段（包括"Initial"起始温度,"Final"终止温度,"Rate"速率或"Duration"保持时间）,以及 Valves;

● 将所需的程序段存储,即在相应程序段的"Saved Sequence"（存储程序段）后面的□中点一下,变为☑;

● 置零:点击 Tare 后面的□使之变为☑;

（3）装样操作。

● 使"Direct Gramming"最大化:观察 Thermogravimetry 栏中

Untared TG = ±50mg 以内时［若超出此范围,可调节热天平的砝码臂(加减钢珠,80mg/个)］,点击 Tare 按钮,置零去皮。这时 Tared TG = 0。

- 压机体右方按钮,升起升降柱,用阻挡盖盖住洞口,这时空的试样坩埚在试样一侧(前面);一只相同的装有参比物的坩埚放在另一侧(后面)。用镊子取下空的试样坩埚,装入试样,试样要尽量居于坩埚的中间并紧贴底部;粉末试样松紧要适度,不可太松,也不可压得太实;试样量一般不超过坩埚容积的 2/3。用镊子将装好试样的坩埚放回原位。

- 依次取下阻挡盖,降下升降柱。

- 称重:显示样重并记下样重。

(4)开始试验。

- 点击 Collection/Experiment/Collection Data 回到输入程序段的画面。点"To Experiment"按钮,出现"Experiment-Setsys-1750-TG-DTA 1500℃ rod"画面。

- 输入实验条件:在"Name of Experiment"一栏填入试验的名称;在"Comment"一栏填入注释(也可不填);在"Crucible"一栏填入所用坩埚的材料和容积;在"Atm"一栏填入气氛种类;在"Mass"一栏填入试样的重量;"Molar Mass"一栏可不填;在"Name of Procedure"一栏填入程序的名称(也可不填);在"User"一栏填入操作者的姓名或代号;在"Group"一栏填入实验的编组。

- 实验正式开始:点击"Start The Experiment"按钮,实验正式开始。此后可将"Real-Time Drawing"或"Direct Gramming"最大化,以监视实验过程。

(5)结束试验:有两种方式。

- 自动结束:所有程序段一旦运行完毕,试验自动停止。

- 手动结束:在"Direct Gramming"画面上,左键点击"Stop"按钮,灰色的"▷"(Start)按钮变绿,实验即被终止。

然后,继续下一个实验。最后,实验完毕。

（6）数据分析处理,打印结果。

（7）关机。

● 关闭氩气阀(Furnace Gas 主阀)和其他气阀。

● 关掉冷却水。

● 关热分析主机。

● 退出热分析操作软件;关计算机、打印机,拔掉所有电源。

五、结果处理

分析实验结果,写出实验报告。

六、思考题

1. 何谓热分析和差热分析?由热分析可得到哪些信息?从差热分析可得到什么信息?

2. 从热重法可得到什么信息?影响热重曲线的因素有哪些? $CuSO_4 \cdot 5H_2O$ 的 DTG 与 DSC 曲线有什么不同?为什么?

3. 如何解释 $CuSO_4 \cdot 5H_2O$ 的热重曲线?讨论实验值与理论值误差的原因。

4. 根据 $CuSO_4 \cdot 5H_2O$ 的结构[1,2]试讨论其脱水的机理。

参考文献

1. A F Wells. Structural Inorganic Chemistry, 4th ed. Clarendon Press, Oxford, 1975, 557-558

2. 邵学俊,董平安,魏益海.无机化学(下).武汉:武汉大学出版社,1996,230

3. A R West.固体化学及其应用. 苏勉曾,谢高阳,申泮文,等译. 上海:复旦大学出版社,1989

4. 张启运主编. 高等无机化学实验. 北京:北京大学出版社,1992

5. 刘振海主编. 热分析导论. 北京: 化学工业出版社, 1991

6. 陈镜泓，李传儒 编著. 热分析及其应用. 北京：科学出版社，1985

7. 李余增. 热分析. 北京：清华大学出版社，1987

8. 刘振海，田山立子，陈学思.聚合物量热测定.北京：化学工业出版社，2002

[无机化学研究所：张克立]

实验 27　Excel 在仪器分析中的应用

一、实验目的

1.学习怎样使用 Excel 的基本方法,熟悉绘图和统计计算的一般方法。

2. 掌握绘制 X-Y 图的各种方法,学会 Excel 的线性回归方法的使用,明了相关系数(R)、显著性检验(F)和回归精度(S)的意义。

二、基本原理

Microsoft 公司的 Excel 电子表格系统,现已有的 97 和 2000 版本,具有强大的人工智能。其中的表格制作、计算、图表及分析与决策功能是分析化学可借来使用的方便工具。

例如,用火焰原子吸收法测定镁,得到数据见表 27-1。

表 27-1　　　　用火焰原子吸收法测定镁的数据

Mg(ppm)	0.00	0.20	0.40	0.60	0.80	1.00
A	0.00	0.202	0.410	0.553	0.641	0.736

可计算绘出美观的图表(见图 27-1),并给出线性方程如下:

图中的工作曲线是用 Excel 的方法回归得到的,选取的数据点不同,R 就不一样。

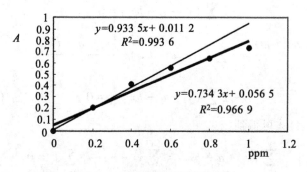

图 27-1   原子吸收法测镁回归图

1. 最小二乘法

若用(x_i, y_i)表示 n 个数据点$(i=1,2,3,\cdots,n)$,而任意一条直线方程可写成:

$$y^* = a + bx \qquad (27\text{-}1)$$

式中,采用 y^* 符号,表示这是一条任意的直线。如果用这条直线来代表 x 和 y 的关系,即对每个已知的数据点(x_i, y_i)来说,其误差为:

$$y_i - y^* = y_i - a - bx_i \qquad (27\text{-}2)$$

$$Q = \sum_{i=1}^{n} (y_i - y^*)^2$$

令各数据点误差的平方的加和(差方和)为 Q,则 Q 是总的误差:

$$Q = \sum_{i=1}^{n} (y_i - a - bx_i)^2 \qquad (27\text{-}3)$$

回归直线就是在所有直线中,差方和 Q 最小的一条直线。换句话说,回归直线的系数 b 及常数项 a,应使 Q 达到极小值。

根据微积分求值的原理,要使 Q 达到极小值,只需将(27-3)式分别对 a,b 求偏微商,令它们等于 0,于是 a,b 满足:

$$\frac{\partial Q}{\partial a} = 2\sum_{i=1}^{n} (y_i - a - bx_i)\frac{\partial(y_i - a - bx_i)}{\partial a}$$

$$= -2\sum_{i=1}^{n}(y_i - a - bx_i) = 0 \tag{27-4}$$

$$\frac{\partial Q}{\partial b} = 2\sum_{i=1}^{n}(y_i - a - bx_i)\frac{\partial(y_i - a - bx_i)}{\partial b}$$

$$= -2\sum_{i=1}^{n}(y_i - a - bx_i)x_i = 0 \tag{27-5}$$

从(27-4)式可得到：

$$\sum_{i=1}^{n}(y_i - a - bx_i) = \sum_{i=1}^{n}y_i - na - b\sum_{i=1}^{n}x_i = 0$$

$$na = \sum_{i=1}^{n}y_i - b\sum_{i=1}^{n}x_i$$

$$a = \frac{1}{n}\sum_{i=1}^{n}y_i - b\cdot\frac{1}{n}\sum_{i=1}^{n}x_i$$

$$a = \bar{y} - b\bar{x} \tag{27-6}$$

式中，$\bar{x},\bar{y}$ 分别代表 x_i 和 y_i 的平均值。从(27-5)式可得到：

$$\sum_{i=1}^{n}(y_i - a - bx_i)x_i =$$

$$\sum_{i=1}^{n}x_iy_i - a\sum_{i=1}^{n}x_i - b\sum_{i=1}^{n}x_i^2 = 0$$

将(27-6)式代入，得：

$$\sum_{i=1}^{n}x_iy_i - (\frac{\sum y_i}{n} - b\frac{\sum x_i}{n})\sum_{i=1}^{n}x_i - b\sum_{i=1}^{n}x_i^2 = 0$$

$$\sum x_iy_i - \frac{1}{n}(\sum x_i)(\sum y_i) = b\left[\sum x_i^2 - \frac{1}{n}(\sum x_i)^2\right]$$

所以：

$$b = \frac{\sum x_iy_i - \frac{1}{n}(\sum x_i)(\sum y_i)}{\sum x_i^2 - \frac{1}{n}(\sum x_i)^2}$$

$$= \frac{\sum x_i y_i - n\,\overline{xy}}{\sum x_i^2 - n\bar{x}^2}$$

$$l_{xx} = \sum (x_i - \bar{x})^2 = \sum (x_i^2 - 2x_i\bar{x} + \bar{x}^2)$$

$$= \sum x_i^2 - 2\bar{x}\sum x_i + n\bar{x}^2$$

根据差方和关系式,有 $\bar{x} = \dfrac{\sum x_i}{n}$, 且代入上式,则有:

$$l_{xx} = \sum x_i^2 - 2\frac{\sum x_i}{n} \cdot \sum x_i + n\left(\frac{\sum x_i}{n}\right)^2$$

$$= \sum x_i^2 - 2\frac{(\sum x_i)^2}{n} + n \cdot \frac{(\sum x_i)^2}{n^2}$$

$$= \sum x_i^2 - \frac{1}{n}(\sum x_i)^2 = \sum x_i^2 - n\bar{x}^2$$

同理:

$$l_{yy} = \sum (y_i - \bar{y})^2$$

$$= \sum y_i^2 - \frac{1}{n}(\sum y_i)^2 = \sum y_i^2 - n\bar{y}^2$$

$$l_{xy} = \sum (x_i - \bar{x})(y_i - \bar{y})$$

$$= \sum x_i y_i - n\bar{x}\bar{y}$$

可推出:

$$b = \frac{\sum x_i y_i - \dfrac{1}{n}(\sum x_i)(\sum y_i)}{\sum x_i^2 - \dfrac{1}{n}(\sum x_i)^2}$$

$$= \frac{\sum (x_i - \bar{x})(y_i - \bar{y})}{\sum (x_i - \bar{x})^2} = \frac{l_{xy}}{l_{xx}}$$

由观测值(一组样本)算出 a, b 的值,称为参数 a, b 的估算值,用符号 $\hat{a}, \hat{b}$ 表示,于是回归直线方程式便可确定如下形式:

$$\hat{y} = \hat{a} + \hat{b}x$$

式中,$\hat{y}, \hat{a}, \hat{b}$ 分别表示由样本求得的 y, a, b 的估算值。这种方法就称为最小二乘法,即也就是"最小差方和法"。

2. 回归方程的显著性检验

a. 相关系数 R

在求回归方程时,假定 y 与 x 存在线性关系。怎样判别这种关系的好坏呢? 引入 R 这个相关系数的概念。首先让我们讨论一些有关概念:

回归平方和: $\quad U = \sum (\hat{y} - \bar{y})^2 = \sum [b(x - \bar{x})]^2$

剩余平方和: $\quad Q = \sum (y_i - \hat{y})^2$

总离差平方和: $\quad l_{yy} = Q + U$

令:
$$R = \frac{l_{xy}}{\sqrt{l_{xx} l_{yy}}}$$

$$R^2 = \frac{l_{xy}^2}{l_{xx} l_{yy}} = \frac{U}{l_{yy}}$$

式中,R 的正负号由 l_{xy} 的符号决定,即与 b 同号。R 的绝对值为小于 1,大于 0 的无量纲统计量。

当 $|R| \cong 1$ 时,表明 y 与 x 之间线性关系密切。$|R| \cong 0$ 时,表明 y 与 x 之间无线性关系。通常使用 R^2,具有更实际的意义。

b.显著性检验 F

$$F = \frac{U/(f_1 = 1)}{Q/(f_2 = n - 2)} = \frac{b \cdot l_{xy}}{l_{yy} - b \cdot l_{xy}} (n - 2)$$

式中,f_1 为回归差和自由度;f_2 为残余差方和自由度。

$F < F_a$,y 与 x 无线性关系;$F > F_a$,表明回归方程是显著性的,假设是可靠的。

c.回归线的精度

可以使用回归方程得到 y 的平均值 $\hat{y}$。那么实际的 y 离 $\hat{y}$ 值偏差多大呢? 即回归的精度如何呢? 通常规定,剩余平方和 Q 除以它的 f_Q,所得商称为剩余方差:

$$S^2 = \frac{Q}{n-2}$$

剩余方差的平方根称为剩余标准偏差：$S = \sqrt{\dfrac{Q}{n-2}}$

又可得：
$$S = \sqrt{\frac{\sum (y_i - \hat{y})^2}{n-2}}$$

代入 R 后，得：
$$S = \sqrt{\frac{(1-R^2) \cdot l_{yy}}{n-2}}$$

S 值越小，说明精度越高。

三、仪器

　　微型计算机(台/人)，装有 Office 2000 以上版本，Excel 要装入数理统计和规划求解模块。

四、实验内容

　　1. 基本操作。
　　(1)鼠标的使用；
　　(2)计算方法；
　　(3)图表绘制；
　　(4)统计计算。
　　这些内容是本实验的基础，要求上机前熟练掌握。或自学 Excel 书籍都能达到目的。
　　2. 实验数据的处理(计算、绘图)。
　　3. 使用线性回归方法(统计计算)。
　　4. 单变量求解和规划求解的应用。
　　5. 自选实验(自己做的仪器分析实验数据)数据处理。

五、结果处理

　　1. 将计算结果以实验报告方式打出。
　　2. 使用 Excel 电子表格在仪器分析实验中处理数据。

附录—计算实例

[**例1**]　用发射光谱法测定碳素钢中的硅,得如表 27-1 所示的一组数据,试确定分析线黑度差和碳素钢中含硅量的关系。

表 27-1　　　　　用发射光谱法测定碳素钢中硅的数据

$y=\dfrac{\Delta S}{r}$	$x=\lg C$
0.126	−0.770
−0.077	−0.921
0.207	−0.638
0.055	−0.796
0.282	−0.553
−0.059	−0.886
0.240	−0.602
0.259	−0.569
0.160	−0.678
0.385	−0.409

分析线对黑度差和被测组分含量的关系为:

$$\frac{\Delta S}{r} = \lg\alpha + b\lg C$$

解见图 27-2。

[**例2**]　原子吸收标准加入法测定铜,得到的数据见表27-3,结果见图 27-3:

表 27-3　　　　　原子吸收标准加入法测定铜的数据

A	μg/mL
0.041	0
0.085	5
0.12	10
0.19	20
0.29	35

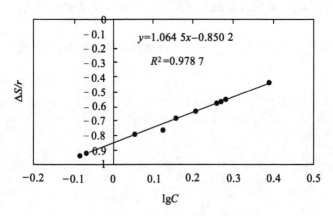

图 27-2　发射光谱定量关系图

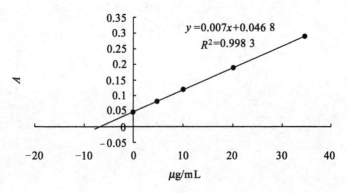

图 27-3　AAS 标准加入法测定铜

$x = -0.046\,8/0.007 \approx -6.7$，铜的含量 $C = 6.7\mu g/mL$

[**例 3**]　EDTA 的 $\beta_1 = 10^{10.26}$，$\beta_2 = 10^{16.42}$，$\beta_3 = 10^{19.09}$，$\beta_4 = 10^{21.09}$，$\beta_5 = 10^{22.69}$，$\beta_6 = 10^{23.78}$。计算酸效应系数 $\lg\alpha$ 为 $2,4,8,15,20$ 的氢离子浓度。(单变量求解法)

[例4] 研究开发规划求解方法在分析化学中的应用。

[分析科学研究中心：王长发]

实验 28　光谱分析设计实验

一、实验目的

1. 掌握光谱分析进行定性和定量检测的基本方法。

2. 了解样品剖析中不同组分的分离、鉴别和含量分析的一般程序。

3. 加强对光谱分析方法的理解和应用,提高分析问题解决问题能力。

二、实验要求

1. 了解样品来源、用途及性能。

2. 样品一般表征分析(物态、颜色、气味、酸碱性、溶解性、燃烧性等)。

3. 样品的预处理(无机、有机组分的有效提取与分离)。

4. 样品中各组分的进一步分离。

5. 样品有效成分的结构鉴定和含量分析。

6. 实验报告要求按照论文格式书写,用 A4 纸打印。

三、实验内容

1. 选用适宜的光谱分析方法,鉴别一种白色有机物的分子结构。

2. 高分子材料的鉴别。

3. 药剂中有效成分的分离、鉴别及含量测定。

四、问题指导和提示

1. 样品的预处理和分离,可采用机械、物理、化学及仪器分析等方法,保证各组分能够有效地分离、提取。

2. 分析方法和试剂的选择,应以有效、便捷、灵敏度高、污染少为原则。

3. 定量分析时,可考虑采用同时测定多组分含量的分析方法,即可减少分离过程中样品的损失,又能减少分析的工作量。

4. 尽可能选用实验中心现有仪器设备。

5. 除参考文献外,可通过网上文献资源查阅相关文献。

五、思考题

1. 应用光谱类仪器对某未知药品进行定性、定量分析首先需要从哪几方面着手考虑? 如何有效分离和提纯该药品之主要组分?

2. 如何根据设计实验分析要求正确选择适宜的光谱分析方法?

3. 如何才能获取该未知药品准确的定性、定量分析测量结果?

4. 如何正确识别所测获的定性扫描光谱图和定量分析测量信息?

参考文献

1. 张家铨,吴景时,程鹏编.常用药物手册.第 2 版.北京:人民卫生出版社,2000

2. 赵文宽,贺飞,方程,等编.仪器分析.北京:高等教育出版社,2000

3. 张剑荣,戚苓,方惠群编.仪器分析实验.北京:科学出版社,1999

4. 复旦大学化学系.仪器分析实验.上海:复旦大学出版社,1984

5. 孟令芝,何永柄编.有机波谱分析.武汉:武汉大学出版社,1993

6. [美]R M 西尔弗斯坦 主编.有机化合物光谱鉴定.北京:科学出版社,1988

7. 陈国珍,黄贤智,郑朱梓,等编.荧光分析法.北京:科学出版社,1990

8. 董庆年.红外光谱法.北京:石油化学工业出版社,1977

9. 严宝珍.核磁共振在分析化学中的应用.北京:化学工业出版社,1994

[化学实验中心:胡 翎]

实验 29　色谱分析设计实验

一、实验内容

复方阿司匹林中有效成分的高效液相色谱分析。

二、实验提示

阿司匹林是一种历史悠久、应用广泛的退烧药物。其主要成分是乙酰水杨酸,片剂中乙酰水杨酸的含量既是药物质量的主要指标,也是医生处方的重要依据。为了控制其含量,必须对产品进行严格的纯度检验。

三、实验要求

1. 在老师的指导下查阅文献,系统了解前人对阿司匹林的测试方法。

2. 设计阿司匹林片剂提取处理方案。

3. 设计乙酰水杨酸的液相色谱分离条件(色谱柱、流动相、检测器等)。

4. 实验报告按论文格式书写。

[化学实验中心:王忠华]

实验 30 电分析设计实验
——修饰碳糊电极的制备及应用

一、实验目的

1. 掌握碳糊电极的基本制备方法。
2. 了解修饰碳糊电极制备的一般程序。
3. 加深对伏安分析方法的理解,提高动手解决实际问题能力。

二、实验要求

1. 选择好制备工具、所需器材和试剂。
2. 制备碳糊时要特别注意一些技术性问题。
3. 在修饰剂的选择上要注意经济适用性。
4. 实验报告要求按照论文格式书写,用 A4 纸打印。

三、实验内容

1. 主要用伏安法对制备好的修饰碳糊电极的性质进行全面测定。
2. 初探修饰碳糊电极的分析应用。
3. 有条件的情况下采用纳米修饰剂。

四、问题指导和提示

1. 制备电极需要的材料和试剂,要早些计划好,以便购置。

2. 分析试剂的选择,应用以有效、廉价、污染少为原则。

3. 尽可能选用实验中心现有仪器设备。

4. 除参考文献外,可通过网上文献资源查阅相关文献。

五、实验思考题

1. 修饰碳糊电极的制备首先需要从哪几方面着手?

2. 简述修饰碳糊电极的发展及应用情况。

3. 根据修饰碳糊电极的电分析设计试验,展望电分析方法的应用前景。

参考文献

1. 董绍俊,等编.化学修饰电极.北京:科学出版社,1995

2. 赵文宽,贺飞,方程,等编.仪器分析.北京:高等教育出版社,2000

3. 张剑荣,戚苓,方惠群编.仪器分析实验.北京:科学出版社,1999

4. 卢小泉,等.分析化学中的化学修饰碳糊电极.北京:分析测试学报,2001,20(4),88~93

[分析科学研究中心:王长发]